Intensivierungsheft

Fokus Mathematik
Klasse 5
Gymnasium
Bayern

LÖSUNGEN

220004034

Cornelsen

Berater: Fritz Kammermeyer, Marco Grees

Redaktion: Berit Kroschel, Dieter Müller
Illustration: Gudrun Lenz, Berlin

Grafik: Christian Böhning
Umschlaggestaltung: finedesign, Berlin
Technische Umsetzung: Ralf Franz, CMS – Cross Media Solutions GmbH

Bildnachweis
Umschlag Getty Images/Thinkstock/Chad Baker
Fotos 3/1 Shutterstock/Bobboz; 4/1 Shutterstock/Blend Images; 7/1 Shutterstock/Fernando Cortes;
15/1 Fotolia/Kzenon; 19/1 Shutterstock/lazyllama; 21/1 Jens Schacht, Düsseldorf;
23/1 Shutterstock/wavebreakmedia; 23/2 Shutterstock/Gor Grigoryan; 25/1 Shutterstock/Chris Parypa Photography;
29/1 Fotolia/ www.tilo-grellmann.de; 31/1 Shutterstock/Andresr; 33/1 Shutterstock / Yuliyan Velchev;
35/1 Fotolia/czamfir; 36/1 Shutterstock/Four Oaks; 38/1 Shutterstock/Yuliyan Velchev;
39/1 Shutterstock/Jacek Chabraszewski; 40/1 Shutterstock/Richard Peterson; 45/1 Shutterstock/ASchindl;
46/1 Shutterstock/Henrik Larsson; 47/1 Shutterstock/Brian Kinney; 47/2 Fotolia/obelicks;
51/1 Fotolia/stockphoto-graf; 59/1 Fotolia/Andre Bonn; 60/1 Shutterstock/TomVeld

Inhaltsverzeichnis

Natürliche und ganze Zahlen

Natürliche Zahlen 2
Runden und Schätzen 4
Messen unter Null – negative Zahlen 6

Addition und Subtraktion

Im Kopf addieren und subtrahieren 8
Schriftlich addieren und subtrahieren 10
Rechengesetze 12
Ganze Zahlen addieren und subtrahieren 14

Grundbegriffe der Geometrie

Koordinatensystem 16
Parallel und senkrecht zueinander 18
Vierecke 20
Winkel und Winkelarten 22

Multiplikation und Division natürlicher Zahlen

Im Kopf multiplizieren und dividieren 24
Schriftlich multiplizieren und dividieren 26
Rechengesetze 28
Zufallsversuche mit Baumdiagrammen beschreiben 30

Multiplikation und Division ganzer Zahlen

Vorzeichenregeln 32
Verbindung der Grundrechenarten 34

Größen und ihre Einheiten

Masse 36
Länge 38
Zeit 40
Umfang eines Rechtecks 42
Schlussrechnung 44
Maßstab 46

Flächen und Flächenmessung

Grundprinzip der Flächenmessung 48
Flächeneinheiten 50
Berechnung von Flächeninhalten 52
Oberflächeninhalt eines Quaders 54

Tests

Kapitel Natürliche und ganze Zahlen 56
Kapitel Addition und Subtraktion 57
Kapitel Grundbegriffe der Geometrie 58
Kapitel Multiplikation und Division natürlicher Zahlen 59
Kapitel Multiplikation und Division ganzer Zahlen 60
Kapitel Größen und ihre Einheiten 61
Kapitel Flächen und Flächenmessung 62
Jahrgangsstufentest 63

Dieses Heft gehört: Klasse:

Natürliche Zahlen

▶ Grundwissen

Gib sechs natürliche Zahlen an. z. B. 1; 2; 3; 10; 105; 459

Gib die kleinste natürliche Zahl an. 1

Gib den Vorgänger der natürlichen Zahl 4 120 an. 4 119

Gibt es eine natürliche Zahl, die keinen Vorgänger hat? ja Wenn ja, welche? 1

Gib den Nachfolger der natürlichen Zahl 53 999 an. 54 000

Gibt es eine natürliche Zahl, die keinen Nachfolger hat? nein Wenn ja, welche? ____

▶ Auftrag: Ergänze.

Trainieren

1 Welche Zahlen gehören zu den farbig markierten Stellen?

a) 25; 75; 150; 225; 275; 325 (Zahlenstrahl: 0, 100, 200, 300)

b) 200; 600; 1 200; 1 800; 2 400; 2 800 (Zahlenstrahl: 0, 1 000, 2 000)

2 Markiere auf dem Zahlenstrahl.

a) 80; 110; 150; 65; 40; 25; 125 (Zahlenstrahl: 0, 100; markiert: 25, 40, 65, 80, 95, 110, 125, 150)

b) 8 000; 16 000; 14 000; 1 000; 6 000; 11 000; 3 000 (Zahlenstrahl: 0, 10000; markiert: 1 000, 3 000, 6 000, 8 000, 11 000, 14 000, 16 000)

3 Vergleiche.

a) 254 332 > 254 323 b) 496 576 > 478 564 c) 1 857 762 > 99 987 d) 305 999 < 350 444

e) 278 378 < 287 323 f) 476 576 > 376 576 g) 899 762 = 899 762 h) 305 329 < 350 432

4 Welche Ziffern können jeweils für das Sternchen eingesetzt werden, damit wahre Aussagen entstehen?

a) 564 < 5*4 7; 8; 9 b) 987 *54 < 987 354 0; 1; 2

c) 6214 > 621* 0; 1; 2; 3 d) 1 208 104 > 1 208 *04 0

5 Ordne die Zahlen nach der Größe. Beginne mit der kleinsten Zahl. 5 203; 235; 523; 2 305; 5 230; 253; 2 053; 5 032

235 < 253 < 523 < 2 053 < 2 305 < 5 032 < 5 230 < 5 230

6 Trage die Zahlen in die Stellenwerttafel ein.

a) sechsundsiebzig Millionen sieben
b) zwanzig Milliarden fünftausend
c) achthundertacht Milliarden achthundertachttausend
d) sechs Billionen sechzig Millionen sechshunderttausend

Billionen			Milliarden			Millionen			Tausender					
H	Z	E	H	Z	E	H	Z	E	H	Z	E	H	Z	E
							7	6	0	0	0	0	0	7
				2	0	0	0	0	0	0	5	0	0	0
			8	0	8	0	0	0	8	0	8	0	0	0
		6	0	0	0	0	6	0	6	0	0	0	0	0

Vertiefen

7 Die Sonne ist der größte Körper unseres Sonnensystems. Sie hat einen Durchmesser von 1 392 000 km. Die Durchmesser der Planeten unseres Sonnensystems liegen zwischen 143 000 km (Jupiter) und 4 900 km (Merkur). Die Venus hat ungefähr den gleichen Durchmesser wie die Erde (12 800 km). Der Durchmesser des größten Jupitermondes beträgt 5 280 km, der des Erdmondes 3 470 km.

a) Trage die im Text genannten Zahlen in die Stellenwerttafel ein.

Millionen			Tausender					
H	Z	E	H	Z	E	H	Z	E
		1	3	9	2	0	0	0
			1	4	3	0	0	0
					4	9	0	0
				1	2	8	0	0
					5	2	8	0
					3	4	7	0

b) Ordne die Himmelskörper nach der Größe. Schreibe die Zahlen in Worten.

Erdmond dreitausendvierhundertsiebzig Kilometer

Merkur viertausendneunhundert Kilometer

größter Jupitermond fünftausendzweihundertachtzig Kilometer

Erde zwölftausendachthundert Kilometer

Jupiter einhundertdreiundvierzigtausend Kilometer

Sonne eine Million dreihundertzweiundneunzigtausend Kilometer

8 Wahr oder falsch? Begründe deine Antwort.

a) Es gibt eine sechsstellige Zahl, die größer ist als 999 999. ☐ wahr ☒ falsch

Der Nachfolger von 999 999 ist 1 000 000. Das ist eine siebenstellige Zahl.

b) Es gibt eine fünfstellige Zahl, deren Vorgänger vierstellig ist. ☒ wahr ☐ falsch

9 999 ist der Vorgänger von 10 000.

c) Die kleinste vierstellige Zahl, die mit den Ziffern 1; 5; 2 und 9 gebildet werden kann, wenn keine Ziffer mehrmals verwendet wird, ist 1529. ☐ wahr ☒ falsch

1259 ist die kleinste Zahl.

9 Der Ziffernfolge der Zahlen liegt jeweils eine Regel zugrunde.
Ergänze die fehlenden Ziffern und gib die Regel an. Schreibe die entsprechende Zahl ohne Ziffern auf.

a) 5 0 5 4 5 8 6 2 Die Folge beginnt mit der Zahl 50. Die nächste Zahl ist um 4 erhöht.

fünfzig Millionen fünfhundertfünfundvierzig Tausend achthundertzweiundsechzig.

b) 4 9 5 0 5 1 5 2 5 3 Die Folge beginnt mit der Zahl 49. Die nächsten beiden Ziffern ergeben sich jeweils als Nachfolger der vorherigen Zahl.

vier Milliarden neunhundertfünfzig Millionen fünfhundertfünfzehn Tausend zweihunderdreiundfünfzig

Runden und Schätzen

Grundwissen

- Regeln zum Runden: Bei den Ziffern 0; 1; 2; 3; 4 wird abgerundet. Beispiele: 134 ≈ 130
  Bei den Ziffern 5; 6; 7; 8; 9 wird aufgerundet. 135 ≈ 140
- Beim Schätzen hingegen wird mithilfe von Überlegungen das Ergebnis näherungsweise vorhergesagt.

▶ Auftrag: Ergänze die Ziffern.

Trainieren

1 Runde …

178 394 625

- auf Zehntausender: 178 390 000
- auf Hunderter: 178 394 600
- auf Zehner: 178 394 630
- auf Millionen: 178 000 000
- auf Hundertmillionen: 200 000 000
- auf Tausender: 178 395 000
- auf Zehnmillionen: 180 000 000
- auf Hunderttausender: 178 400 000

2 Ergänze die Tabelle.

Runde …	16 736	321 483	73 698	196 542
auf Zehntausender	20 000	320 000	70 000	200 000
auf Tausender	17 000	321 000	74 000	197 000
auf Hunderter	16 700	321 500	73 700	196 500
auf Zehner	16 740	321 480	73 700	196 540

3 Schätze.

a) Wie viele Aufgaben (1; 2; 3; …) enthält das Arbeitsheft? 200 bis 300

b) Wie viele eurer Stunden werden diese Woche vertreten? individuell

c) Wie viele Schüler der Klasse haben Geschwister? individuell

d) Wie viele Mathematikstunden hast du im Schuljahr? 150 bis 200

e) Wie viele Daumenbreiten ist diese Seite hoch? 25 bis 30

f) Wie viele Ziffern sind auf dieser Doppelseite vorgegeben? ca. 250

Vertiefen

4 Eine Buchseite eines englischen Romans enthält durchschnittlich 39 Zeilen.
Jede Zeile hat durchschnittlich 10 Wörter und jedes Wort hat durchschnittlich 5 Buchstaben.
Überschlage, wie viele Buchstaben ein 249-seitiger Roman etwa enthält.

$40 \cdot 10 \cdot 5 \cdot 250 = 2000 \cdot 250 = 500\,000$

Der Roman enthält etwa 500 000 Buchstaben.

5 Deutschland hat 16 Bundesländer, die unterschiedlich viele Einwohner haben und unterschiedlich groß sind.

a) Ergänze die Tabelle (Stand vom 10.04.2014).

	Einwohner am 31. Dezember 2015		Fläche in Quadratkilometern	
	„genau“	gerundet auf Mio.	„genau“	gerundet auf Tausender
Baden-Württemberg	10 879 618	11 000 000	35 751	36 000
Bayern	12 843 514	13 000 000	70 550	71 000
Berlin	3 520 031	4 000 000	892	1 000
Brandenburg	2 484 826	2 000 000	29 654	30 000
Bremen	671 489	1 000 000	419	0
Hamburg	1 787 408	2 000 000	755	1 000
Hessen	6 176 172	6 000 000	21 115	21 000
Mecklenburg-Vorpommern	1 612 362	2 000 000	23 212	23 000
Niedersachsen	7 926 599	8 000 000	47 614	48 000
Nordrhein-Westfalen	17 865 516	18 000 000	34 110	34 000
Rheinland-Pfalz	4 052 803	4 000 000	19 854	20 000
Saarland	995 597	1 000 000	2 569	3 000
Sachsen	4 084 851	4 000 000	18 420	18 000
Sachsen-Anhalt	2 245 470	2 000 000	20 452	20 000
Schleswig-Holstein	2 858 714	3 000 000	15 800	16 000
Thüringen	2 170 714	2 000 000	16 172	16 000

b) Schreibe die fünf Bundesländer auf, die die größte Fläche haben. Beginne mit dem größten Bundesland.

Bayern; Niedersachsen; Baden-Württemberg; Nordrhein-Westfalen; Brandenburg

c) Welche Bundesländer haben zusammen etwa so viele Einwohner wie Bayern? Nenne ein Beispiel.

z. B.
Baden-Württemberg und Thüringen haben zusammen etwa so viele Einwohner wie Bayern.

6 Das Ergebnis einer Rundung auf Hundert ist 300. Gib die kleinste und die größte Zahl an, die zu diesem Ergebnis führen.

250 ist die kleinste und 349 die größte Zahl.

Messen unter Null – negative Zahlen

▶ Grundwissen

Die natürlichen Zahlen $\mathbb{N} = \{1;\ 2;\ 3\ \ldots\}$, die Null und die Menge der Gegenzahlen (negativen Zahlen) $\{-1;\ -2;\ -3\ \ldots\}$ bilden zusammen die Menge der ganzen Zahlen $\mathbb{Z} = \{\ldots -3;\ -2;\ -1;\ 0;\ 1;\ 2;\ 3;\ \ldots\}$.

–7 –6 –5 –4 –3 –2 –1 0 1 2 3 4 5 6 7

▶ Auftrag: Ergänze den Satz.

Trainieren

1 Veranschauliche folgende Zahlen an der Zahlengeraden. 2; –1; –7; 11; 7; 4; –12; –14; 5; –5; 0

–14 –12 –10 –7 –5 –1 0 2 4 5 7 10 11

2 Gib, wenn möglich, jeweils drei ganze Zahlen an, die auf der Zahlengerade zwischen den gegebenen Zahlen liegen.

a) Zwischen – 3 und 1 liegen 0; –1; –2.
b) Zwischen 2 und – 2 liegen 1; 0; –1.
c) Zwischen – 3 und – 6 liegen nur –4 und –5.
d) Zwischen – 7 und 0 liegen z. B. –1; –2; –3.
e) Zwischen 1 und – 1 liegen nur 0.
f) Zwischen 1 und – 4 liegen z. B. 0; –1; –2.

3 Welche Zahl könnte die gesuchte Zahl sein?
Gib, wenn möglich, mehrere Beispiele an.

a) Anne sucht eine natürliche Zahl, die höchstens einen Abstand von drei zu –2 hat. 1
b) Jonas sucht eine natürliche Zahl, die mindestens einen Abstand von fünf zu 0 hat. 5; 6; 7; 8; 9; …
c) Lina sucht eine ganze Zahl, die höchstens einen Abstand von drei zu – 1 hat. –4; –3; –2; –1; 0; 1; 2
d) Luis sucht eine ganze Zahl, die genau einen Abstand von siebzig zu –3 hat. –73 und 67

4 Gib jeweils die benachbarten ganzen Zahlen an.

a) 14 < 15 < 16
b) –16 < – 15 < –14
c) –1 < 0 < 1

5 Ordne die Temperaturangaben. Beginne mit dem kleinsten Wert. – 55° C; 10° C; 17° C; – 11° C; – 45° C; 24° C; – 23° C; – 28° C; 3° C

–55° C < –45° C < –28° C < –23° C < –11° C < 3° C < 10° C < 17° C < 24° C

6 Notiere jeweils die nächsten drei ganzen Zahlen.
z. B.
a) 10; 8; 6; 4 … 2; 0; –2
b) – 109; – 107; – 105; – 103 … –101; –99; –97
c) – 5; 0; 5; 10 … 15; 20; 25
d) – 7; 5; – 3; 2 … –1; 3; –5

Vertiefen

7 Gib zuerst den Sachverhalt mit einer ganzen Zahl an.
Schreibe danach die Gegenzahl und deren mögliche Bedeutung im Sachzusammenhang auf.

a) 2 300 € Gewinn — Zahl: 2 300 — Gegenzahl: – 2 300
Bedeutung der Gegenzahl:
Man macht bei einem Geschäft 2 300 € Verlust.

b) 7° C über null — Zahl: 7 — Gegenzahl: –7
Bedeutung der Gegenzahl:
–7° C bedeutet, dass es 7 Grad unter dem Gefrierpunkt sind.

c) 3 Sekunden nach dem Start — Zahl: 3 — Gegenzahl: – 3
Bedeutung der Gegenzahl:
Der Start ist vor 3 Sekunden erfolgt.

d) 2. Etage — Zahl: 2 — Gegenzahl: – 2
Bedeutung der Gegenzahl:
Es ist das zweite Geschoss unter dem Erdgeschoss gemeint.

e) 859 m über NN — Zahl: 859 — Gegenzahl: – 859
Bedeutung der Gegenzahl:
Es sind 859 m unter dem Meeresspiegel (unter NN) gemeint.

8 Unsere Zeitrechnung begann mit der Geburt Christi. Zeitangaben, die vor dem Beginn unserer Zeitrechnung liegen, erhalten deshalb den Zusatz v. Chr. (vor Christus).

a) Finde heraus, wer von den drei Römern am ältesten wurde? Begründe deine Antwort.
Somit ist aufzupassen, dass man nicht ein Jahr zu viel hinzuaddiert. Cäsar: 56 Jahre
Augustus: 76 Jahre
Tiberius: 78 Jahre
Tiberius wurde am ältesten.
(Das Jahr null gab es nicht.)

römischer Staatsmann
Julius Cäsar
Geburt: 100 v. Chr.
Tod: 44 v. Chr.

römischer Kaiser
Augustus
Geburt: 63 v. Chr.
Tod: 14 n. Chr.

römischer Kaiser
Tiberius
Geburt: 42 v. Chr.
Tod: 37 n. Chr.

Gründung Roms
753 v. Chr.

Das Jahr 0 gibt es nicht.

b) Vor wie vielen Jahren wurde Rom gegründet?
Lösung ist abhängig vom jeweiligen Kalenderjahr.
(753 plus aktuelles Kalenderjahr minus 1)

Im Kopf addieren und subtrahieren

▶ Grundwissen

- Addieren bedeutet so viel wie zusammenzählen, hinzufügen, vermehren, ...
- Subtrahieren bedeutet so viel wie abziehen, Unterschied berechnen, vermindern, ...
- Beim Addieren dürfen die Summanden vertauscht werden. Der Wert der Summe ändert sich dadurch nicht.

▶ Auftrag: Trage folgende Begriffe an den richtigen Stellen ein:
zusammenzählen; abziehen; Unterschied berechnen; hinzufügen; Summe; vermehren; vermindern.

Trainieren

1 Schreibe die Rechenausdrücke auf und berechne.

a) Addiere 3 zu 45. $45 + 3 = 48$ b) Füge 8 zu 51 hinzu. $51 + 8 = 59$

c) Subtrahiere 2 von 50. $50 - 2 = 48$ d) Ziehe 5 von 44 ab. $44 - 5 = 39$

2 Addiere.

a) $307 + 40 = 347$ b) $20 + 803 = 823$ c) $660 + 120 = 780$ d) $61 + 401 = 462$

e) $97 + 50 = 147$ f) $30 + 87 = 117$ g) $606 + 77 = 683$ h) $45 + 90 = 135$

i) $807 + 99 = 906$ j) $756 + 80 = 836$ k) $660 + 440 = 1100$ l) $660 + 91 = 751$

3 Subtrahiere.

a) $75 - 40 = 35$ b) $126 - 8 = 118$ c) $64 - 12 = 52$ d) $65 - 41 = 24$

e) $97 - 51 = 46$ f) $77 - 27 = 50$ g) $80 - 79 = 1$ h) $45 - 45 = 0$

i) $80 - 19 = 61$ j) $750 - 80 = 670$ k) $610 - 40 = 570$ l) $660 - 91 = 569$

4 Setze + oder – passend ein.

a) $40 + 80 + 20 = 140$ b) $77 - 27 - 30 = 20$ c) $100 - 80 - 19 = 1$ d) $45 + 45 + 3 = 93$

e) $23 + 50 - 13 = 60$ f) $75 + 80 - 20 = 135$ g) $210 - 40 + 15 = 185$ h) $66 - 77 + 55 = 44$

5 Ergänze die fehlenden Zahlen in den Additionsmauern.

		106		
	47	59		
19	28	31		
7	12	16	15	
4	3	9	7	8

		1131		
	988	143		
911	77	66		
878	33	44	22	
874	4	29	15	7

Vertiefen

6 Zahlenrätsel

a) Schreibe jeweils die Lösung in das Feld mit dem entsprechenden Buchstaben.

A: 15 vermindert um 8
B: 8 vermehrt um 9
C: Differenz von A und B
D: Summe von A und B
E: Vorgänger von D
F: Nachfolger von D

16	A 7	33	44
B 17	13	50	C 10
34	22	D 24	15
E 23	47	12	F 25

b) Addiere im Kopf die Zahlen jeder Spalte und jeder Zeile. Rechne vorteilhaft.
Hinweis: Die Summe aller Zahlen der Tabelle ist 392.

Zeile 1: 100 Zeile 2: 90 Zeile 3: 95 Zeile 4: 107

Spalte 1: 90 Spalte 2: 89 Spalte 3: 119 Spalte 4: 94

c) Wenn alle Zahlen aus dem ausgefüllten Zahlenquadrat von 500 subtrahiert werden, ist das Ergebnis 108.

7 Auf der Karte sind Entfernungen zwischen Autobahnkreuzen angegeben.

a) Wahr oder falsch?

Von Kempten nach München sind es etwa 168 km.
wahr $(54 + 114 = 168)$

Von Köln nach Nürnberg sind es etwa 420 km.
wahr $(95 + 88 + 34 + 76 + 23 + 104 = 420)$

Von Hof nach Bamberg sind es etwa 135 km.
falsch $(37 + 48 = 85)$

Von Bayreuth nach Regensburg sind es etwa 150 km.
wahr $(81 + 69 = 150)$

Von Nürnberg nach München sind es etwa 181 km.
wahr $(109 + 31 + 11 + 30 = 181)$

Von München nach Salzburg sind es etwa 168 km.
falsch $(47 + 72 = 119)$

b) Finde die kürzeste Route von Hamburg nach München. Zeichne diese auf der Karte farbig nach.
Hinweis: Notiere Zwischenergebnisse auf einem zusätzlichen Blatt. (Es sind rund 770 km.)

c) Familie Schulz fährt von Flensburg nach Lindau. In Flensburg sind 15 l Super im Tank. Der Tank fasst insgesamt 50 l. Auf 100 km verbraucht ihr Auto 9 l Super. Ermittle, wie oft sie auf dem Weg mindestens tanken werden.

Von Flensburg bis Lindau sind es rund 1 000 km (966 km). Für diese Strecke benötigt das Auto etwa 90 l Super.

$15\,l + 50\,l < 90\,l < 15\,l + 50\,l + 50\,l$ Sie werden mindestens zweimal tanken.

Schriftlich addieren und subtrahieren

▶ Grundwissen

- Bei der schriftlichen Addition und Subtraktion ist zu beachten, dass
  - alle Zahlen stellengerecht untereinander geschrieben werden,
  - rechts mit dem Addieren bzw. Subtrahieren begonnen wird und
  - der Übertrag jeweils in die nächste Spalte geschrieben wird.
- Mithilfe eines Überschlags solltest du prüfen, ob das Ergebnis stimmen kann.

Beispiele:

Überschlag: 500 + 90 = 590

	5	3	1
+		8	7
		1	
	6	1	8

Überschlag: 240 − 140 = 100

	2	3	9
		1	
−	1	4	3
		9	6

▶ Auftrag: Ergänze den Text.

Trainieren

1 Schreibe jeweils zuerst das Ergbnis des Überschlags auf. Addiere danach schriftlich.

a) 7000 + 1000 = 8000

	7	1	3	7
+		8	4	1
	7	9	7	8

b) 5000 + 7000 = 12000

		5	4	8	9
+		6	7	5	2
	1	1	1	1	
	1	2	2	4	1

c) 40000 + 60000 = 100000

		4	0	9	2	3
+		5	9	2	5	0
	1	1	1			
	1	0	0	1	7	3

2 Überschlage zuerst. Subtrahiere danach schriftlich.

a) 9000 − 8000 = 1000

	9	2	5	9
−	8	1	0	4
	1	1	5	5

b) 9000 − 5000 = 4000

	9	0	0	3
	1	1	1	
−	4	9	0	4
	4	0	9	9

c) 80000 − 70000 = 10000

	7	7	0	6	3
	1			1	
−	6	9	0	1	4
		8	0	4	9

d) 12000 − 8000 = 4000

	1	2	3	4	0
		1	1	1	
−		8	4	5	1
		3	8	8	9

3 Schreibe jeweils zuerst das Ergebnis des Überschlags auf. Rechne danach schriftlich.

a) 26000

		8	9	7	3
+		8	2	8	2
+		8	8	1	0
	2	2	1		
	2	6	0	6	5

b) 14000

		7	8	8	6
+		5	0	2	1
+		1	1	8	9
	1	1	1	1	
	1	4	0	9	6

c) 15000

		8	9	9	2
+		5	2	3	0
+		1	4	2	3
	1	1	1		
	1	5	6	4	5

d) 7000

	3	6	4	5
+		8	2	9
+	1	9	5	7
	2	1	2	
	6	4	3	1

Vertiefen

4 Rechne schriftlich. Überschlage im Kopf und vergleiche mit deinem Ergebnis.

a) Eine Zahnradbahn fährt von der Talstation (712 m über dem Meeresspiegel) zum Zugspitzplatt (2601 m über dem Meeresspiegel). Berechne den Höhenunterschied.

Der Höhenunterschied beträgt 1889 m.

	2	6	0	1
	1	1	1	
−		7	1	2
	1	8	8	9

b) Die erste technisch nutzbare Glühbirne wurde von Edison im Jahr 1879 erfunden. Vor wie vielen Jahren war das?

Es war vor z. B. 137 Jahren.

z. B.	2	0	1	6
	1	1	1	
−	1	8	7	9
		1	3	7

c) Eine Bibliothek hat bereits 47530 Bücher. Es sollen 8747 Bücher dazu gekauft werden. Wie viele Bücher sind es danach?

Danach sind es 56277 Bücher.

	4	7	5	3	0
+		8	7	4	7
	1	1			
	5	6	2	7	7

d) Ein neuer Fernseher kostet bei Mad-Markt 1295 €. Das gleiche Gerät gibt es bei Sad-Markt für 979 €. Wie viele Euro ist der Fernseher bei Sad-Markt preiswerter?

Bei Sad-Markt kostet der Fernseher 316 € weniger.

	1	2	9	5
	1		1	
−		9	7	9
		3	1	6

e) Ein Inter-City-Express (ICE) fuhr von Hamburg nach München. In Hamburg war der Kilometerstand 345678 km und in München 346500 km. Wie viel Kilometer ist der Zug gefahren?

Der Zug fuhr 822 km.

	3	4	6	5	0	0
			1	1	1	
−	3	4	5	6	7	8
				8	2	2

f) Im Stadion zahlen 17896 Zuschauer an Kasse 1 ihren Eintritt, 7855 an Kasse 2, 4568 an Kasse 3 und 7961 an Kasse 4. Wie viele der 38750 Karten wurden verkauft? Wie viele gibt es noch?

38280 Karten wurden verkauft.

Es gibt noch 470 Karten.

	1	7	8	9	6
+		7	8	5	5
+		4	5	6	8
+		7	9	6	1
	2	3	2	2	
	3	8	2	8	0

5 In einem Erlebnisbad wurden in den Sommerferien die Besucher gezählt.

	Kinder, Jugendliche (Preis pro Tag: 5 €)	Erwachsene (Preis pro Tag: 9 €)
1. Woche	2025	1678
2. Woche	2130	1817
3. Woche	2670	1923
4. Woche	2978	1861
5. Woche	3972	1732
6. Woche	4179	1210
Summe:	17954	10221

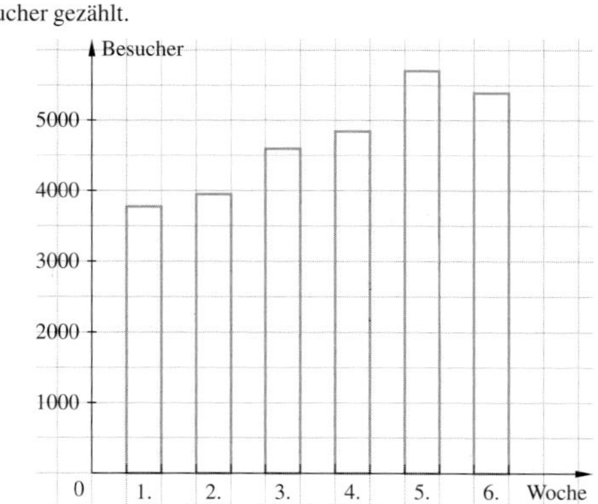

a) Veranschauliche rechts in einem Säulendiagramm, wie viele Besucher pro Woche im Erlebnisbad waren.

b) Ergänze in der Tabelle unten die Summen.

Rechengesetze

▶ Grundwissen

Beispiele:

- Klammern haben bei der Rechnung Vorrang. — $17 - (18 - 5) = $ 17 − 13 = 4
- Kommutativgesetz der Addition (K-Gesetz): In einer Summe darf die Reihenfolge der Summanden vertauscht werden. Der Wert der Summe ändert sich dabei nicht. — $17 + 39 = $ 39 + 17 = 56
- Assoziativgesetz der Addition (A-Gesetz): In einer Summe dürfen Klammern gesetzt oder weggelassen werden. Der Wert der Summe ändert sich dabei nicht. — $17 + (30 + 9) = $ (17 + 30) + 9 = 17 + 30 + 9 = 56

▶ Auftrag: Ergänze die Beispiele und berechne.

Trainieren

1 Rechne im Kopf.

a) $99 - 69 + 38 - 8 + 40 = 30 + 38 - 8 + 40 = 100$

b) $220 + (122 - 72) + (39 + 61) = 220 + 50 + 100 = 370$

c) $(731 + 169) - (105 - 85) - 80 = 900 - 20 - 80 = 800$

d) $(68 + 42) - (17 + 23) + 40 = 110 - 40 + 40 = 110$

e) $[50 - (19 + 31)] + [132 - (50 + 18)] = 0 + 64 = 64$

f) $258 - [53 - (36 + 7)] = 258 - [53 - 43] = 248$

2 Rechne schriftlich auf einem zusätzlichen Blatt.

a) $89 - 39 + 58 - 18 + 45 - 100 = 35$

b) $520 - (322 - 172) + (259 + 41) = 670$

c) $(1\,499 - 80) - (998 - 198) - (85 - 80) = 614$

d) $(7\,768 + 5\,442) - (9\,117 - 6\,523) - 40 = 10\,576$

e) $[350 - (39 + 77)] + [1\,132 - (250 + 34)] = 1082$

f) $[358 - 233 - (16 + 7)] - (127 - 25) = 0$

3 Rechne mithilfe der Rechengesetze vorteilhaft im Kopf.

a) $23 + 936 + 477 + 164 = 23 + 477 + 936 + 164 = 1\,600$

b) $1645 + 777 + 355 = 1\,645 + 355 + 777 = 2\,777$

c) $(29 + 82) + 118 = 29 + (82 + 118) = 29 + 200 = 229$

d) $(735 + 923) + 265 = 735 + 265 + 923 = 1\,923$

e) $[7 + (23 + 59)] + 41 = (7 + 23) + (59 + 41) = 130$

f) $[71 + (49 + 29)] + 51 = (71 + 29) + (49 + 51) = 200$

4 Rechne schriftlich. Nutze Rechenvorteile.

a) $33 + 48 + 67 + 77 + 52 = 33 + 67 + 48 + 52 + 77 = 277$

b) $215 + 77 + 385 + 23 = 215 + 385 + 77 + 23 = 700$

c) $40 + (89 + 93) + 11 = (40 + 93) + (89 + 11) = 231$

d) $(1\,935 + 3\,911) + 2\,265 = 4\,200 + 3\,911 = 8\,111$

5 Markiere gleichwertige Terme mit derselben Farbe.

626 A	(1 167 + 789) − 248 B	(1 167 − 789) + 248 A	1 167 + (789 − 248) B	1 167 − (789 + 248) C
1708 B	(789 − 248) + 1167 B	(1 167 + 248) − 789 A	(1 167 − 789) − 248 C	130 C

Vertiefen

6 Rechenbäume

a) Ergänze den Rechenbaum vollständig und gib den passenden Term an.

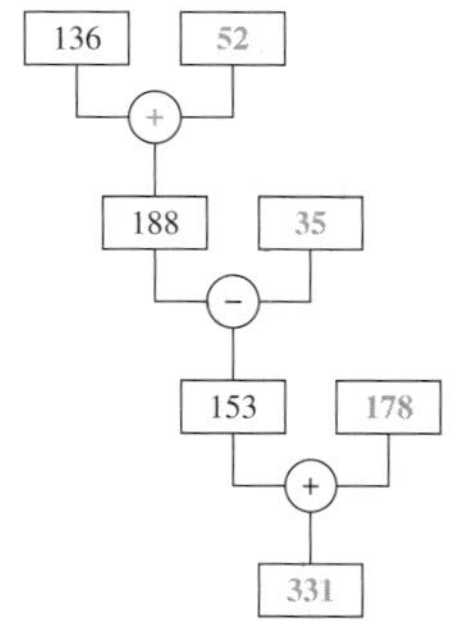

[(136 + 52) − 35] + 278 = 331

b) Erstelle einen Rechenbaum für den Term $[(434 - 189) - 79] + 881$ und berechne das Ergebnis.

z. B.

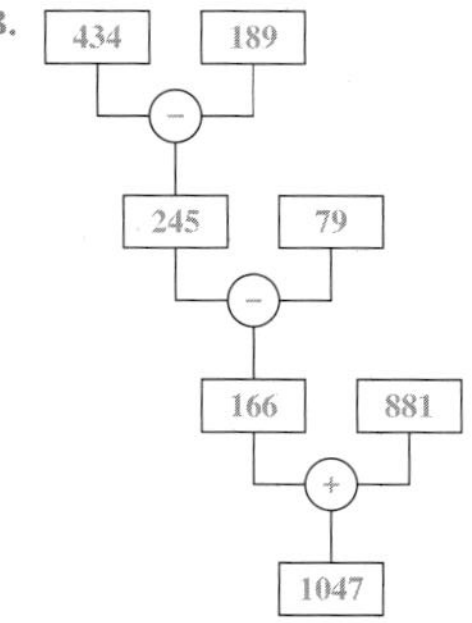

7 Susanne hat auf ihrem Sparbuch bereits 373 € gespart. Zum Geburtstag bekommt sie von den Großeltern 40 € und einer Tante 15 € geschenkt. Davon kauft sie eine CD für 13 € und ein Taschenbuch für 9 €.
Für einen Kinobesuch muss sie 7 € bezahlen und 18 € gibt sie für ein T-Shirt aus.
Das Geld, das Susanne jetzt noch übrig hat, zahlt sie zusammen mit 27 € aus ihrem Sparschwein auf ihr Sparbuch ein.
Wie viel Guthaben hat Susanne jetzt auf ihrem Sparbuch? Berechne das Ergebnis vorteilhaft mithilfe eines einzigen Terms.

$373 + 40 + 15 - 13 - 9 - 7 + 27 = 413 + 2 - 9 + 20 = 415 + 11 = 426.$

Susanne hat jetzt 426 € auf ihrem Sparbuch.

8 Wahr oder falsch?
Begründe jeweils deine Entscheidung.

a) Vertauscht man in einer Summe (bzw. Produkt) mit mehreren Summanden (bzw. Faktoren) die Reihenfolge der Summanden (bzw. Faktoren), so ändert sich das Ergebnis nicht. ☐ wahr ☒ falsch

Die Aussage ist richtig. Das K-Gesetz der Addition (bzw. Multiplikation) kann mehrfach auf beliebig viele Summanden (bzw. Faktoren) angewendet werden.

b) Vertauscht man in einer Differenz mit mehreren Subtrahenden die Reihenfolge der Klammern, so ändert sich das Ergebnis nicht. ☐ wahr ☒ falsch

Die Aussage ist falsch. Z. B. ist $(10 - 5) - 5 = 0$, aber $10 - (5 - 5) = 10 - 0 = 10$.

9 Welche Gründe gibt es, vorteilhaft zu rechnen? Nenne drei Vorteile, wenn du Rechengesetze sinnvoll anwendest.

z. B.
Terme lassen sich übersichtlicher gliedern, einfacher anordnen oder zusammenfassen.

10 Gib an, welches Rechengesetz veranschaulicht wird. Begründe.

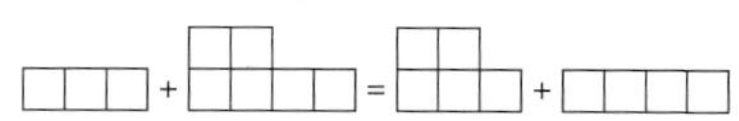

Es wird das Assoziativgesetz veranschaulicht. $3 + (2 + 4) = (3 + 2) + 4$

Ganze Zahlen addieren und subtrahieren

▶ Grundwissen

- Der Abstand einer Zahl von der Null auf der Zahlengeraden heißt Betrag dieser Zahl.
- Zwei ganze Zahlen mit gleichen Vorzeichen werden addiert, indem du die Beträge der Zahlen addierst. Das Vorzeichen der Summe ist gleich dem Vorzeichen der beiden Summanden.

  Beispiele: +14 + (+63) = +77 = 77 −22 + (−33) = −55
- Zwei ganze Zahlen mit verschiedenen Vorzeichen werden addiert, indem du vom größeren Betrag den kleineren Betrag subtrahierst.
  Das Vorzeichen der Summe ist gleich dem Vorzeichen der Zahl mit dem größeren Betrag.

  Beispiele: +14 + (−63) = −49 −22 + (+33) = +11 = 11
- Man subtrahiert eine ganze Zahl, indem man ihre Gegenzahl addiert.

  Beispiele: +14 − (+63) = −49 −22 − (−33) = +11 = 11

▶ Auftrag: Ergänze. Mit diesen Regeln und denen in deinem Buch kommst du zum gleichen Ergebnis.

Trainieren

1 Addiere.

a) +380 + (+40) = 420 b) −50 + (−723) = −773 c) +66 + (+78) = 144

d) −61 + (−534) = −595 e) −97 + (+50) = −47 f) +50 + (−87) = −37

g) +606 + (−77) = 529 h) −45 + (−90) = −135 i) −333 + (+83) = −250

2 Subtrahiere.

a) +387 − (+40) = 347 b) +20 − (−803) = 823 c) −660 − (+120) = −780

d) −61 − (−401) = 340 e) +97 − (+50) = 47 f) −30 − (−87) = 57

g) −606 − (+77) = −683 h) −45 − (+90) = −135 i) −30 + (−87) = −117

3 Setze passende Rechenzeichen ein.

a) +40 + (−80) + (−20) = −60 b) −77 + (+17) − (−30) = −30 c) −100 + (−80) + (−9) = −189

d) −45 − (−45) + (−3) = −3 e) +23 − (−53) − (+13) = 63 f) +75 + (−85) + (−25) = −35

4 Ergänze die fehlenden Zahlen in den Additionsmauern.

Mauer 1:
−4
−5 | +1
−19 | +14 | −13
−31 | +12 | +2 | −15
−34 | +3 | +9 | −7 | −8

Mauer 2:
+89
+134 | −45
+185 | −51 | +6
+262 | −77 | +26 | −20
+392 | −130 | +53 | −27 | +7

Vertiefen

5 Frau Schmidt hat am Monatsanfang 1 755 € auf ihrem Konto. Im Laufe des Monats gab es folgende Kontobewegungen:
eine Abhebung von 225,00 € und eine von 150,00 € am Geldautomaten; eine Einzahlung von 950,00 €; eine Abbuchung der Miete von 325,00 € und eine Rückzahlung vom Finanzamt von 115 € für zu viel gezahlte Steuerbeträge. Kann Frau Schmidt am Monatsende die 2 300 € teure Sitzecke vom Geld auf dem Konto bezahlen?

1 755 € + (−225 €) + (−150 €) + (+950 €) + (−325 €) + (+115 €) = 2 120 € 2 120 € < 2 300 €

Frau Schmidt hat am Monatsende 2 120 € auf dem Konto, damit kann die Sitzecke nicht bezahlt werden.

6 Andrea, Manja, Sven und Martin haben Karten gespielt. Alle bemühten sich um möglichst viele Punkte.
Wer belegt welchen Platz?

Andrea:	36 Minuspunkte;	18 Pluspunkte;	60 Pluspunkte
Manja:	18 Pluspunkte;	33 Minuspunkte;	36 Minuspunkte
Sven:	54 Minuspunkte;	48 Minuspunkte;	81 Pluspunkte
Martin:	88 Pluspunkte;	44 Minuspunkte;	54 Minuspunkte

Andrea hat insgesamt 42 Pluspunkte, Manja 51 Minuspunkte, Sven 21 Minuspunkte und Martin 10 Minuspunkte.

Wenn der oder die mit der höchsten Punktzahl gewinnt, ist Andrea die Siegerin.

Wenn der oder die mit der höchsten Anzahl an Siegerrunden gewinnt, ist Andrea die Siegerin.

7 Zeichne Wege vom Start zum Ziel ein, die jeweils von einem Kästchen in ein benachbartes Kästchen führen (z. B. von +12 entweder zu −24 oder zu −32). Durchlaufe kein Kästchen mehrmals.
Hinweis: Nutze ein zusätzliches Blatt, Bleistift und Radiergummi.

Start	+12	−24	+8	−5	+1	−9	−13	
	−32	+14	−4	+6	−12	+8	−12	
	+28	+16	+11	+1	−10	−5	−20	
	−4	−3	−13	+11	−4	+2	−13	
	−8	−10	+16	−20	+10	−22	13	**Ziel**

a) Finde einen Weg, der am Ziel eine Summe mit einem möglichst kleinen Betrag liefert.

+12 + (−24) + (+14) + (−4) + (+11) + (−13) + (+16) + (−20) + (+11) + (−4) + (+10) + (−22)+ (+13) = 0

b) Finde einen Weg, der am Ziel die Summe −30 liefert.

+12 + (−32) + (+14) + (+16) + (−3) + (−10) + (+16) + (−20) + (+11) + (+1) + (−10) + (−5) + (−20) + (−13) + (+13)

c) Finde einen Weg, der das Ergebnis −21 liefert, wenn jeweils die Zahl des durchlaufenen Kästchens vom letzten Ergebnis subtrahiert wird. Der erste Minuend ist +12.

+12 − (−32) − (+28) − (+16) − (+11) − (+1) − (+11) − (−4) − (+2) − (−13) − (+13)

Koordinatensystem

▶ Grundwissen

Ein Koordinatensystem besteht aus zwei zueinander senkrechten Achsen, der x-Achse und der y-Achse. Jede Achse ist gleichmäßig unterteilt.
Jeder Punkt P kann mit seinen Koordinaten $P(x|y)$ angegeben werden.

Beispiele: A(3 | 1)

B(−2 | −1)

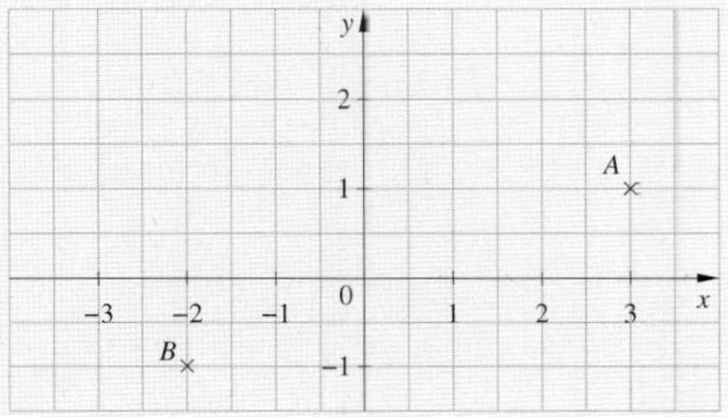

▶ Auftrag: Gib die Koordinaten von den Punkten A und B an.

Trainieren

1 Vervollständige die Angaben zu den im Koordinatensystem eingezeichneten Punkten.

A (1 | 1)	B (2 | 1)
C (3 | 1)	D (−2 | 1)
E (−2 | 2)	F (−2 | 3)
G (1 | −1)	H (2 | −2)
J (3 | −3)	S (−3 | −1)
L (−2 | −3)	K (−1 | −2)
N (0 | −1)	O (0 | 3)
P (2 | 3)	M (2 | 0)

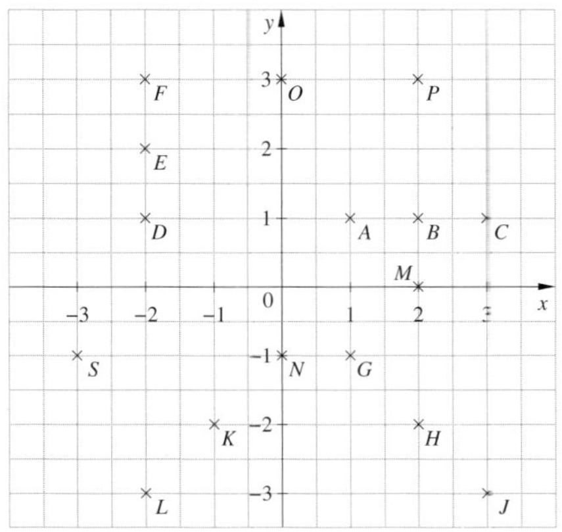

2 Zeichne die Punkte in das Koordinatensystem ein.

A (0 | 7) B (−5 | 4)
C (5 | 4) D (−2 | 3)
E (2 | 3) F (−6 | 1)
G (0 | 1) H (6 | 1)
J (0 | −1) K (−2 | −2)
L (2 | −2) M(−5 | −4)
N (5 | −4) O (0 | −5)

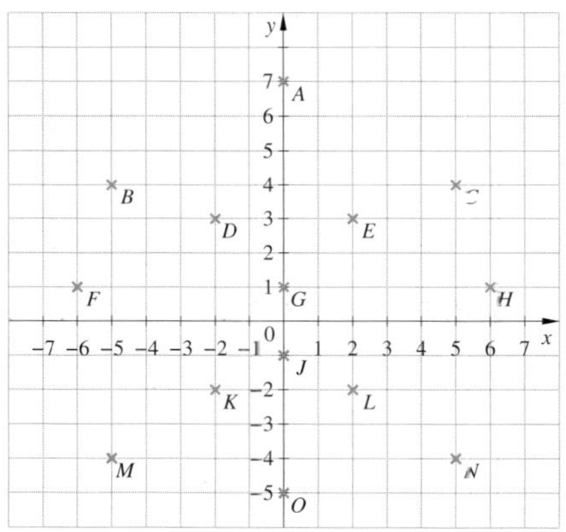

Beschreibe, wo alle Punkte mit $y = 0$ liegen.

Alle Punkte mit $y = 0$ liegen auf der x-Achse.

Vertiefen

3 ... im Koordinatensystem

a) Trage folgende Punkte ins Koordinatensystem ein. Verbinde die Punkte in alphabetischer Reihenfolge und den Punkt M mit dem Punkt A.

A (−5 | −2)	F (1 | 3)	C (6 | 1)
J (−1 | 3)	E (3 | 3)	G (2 | 5)
H (0 | 5)	K (−4 | 3)	B (4 | −2)
L (−4 | 1)	D (3 | 1)	M (−7 | 1)

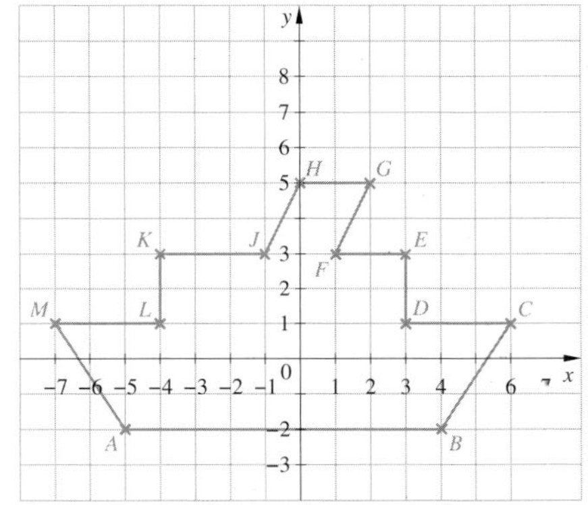

b) Welche Strecken verlaufen parallel zur x-Achse?

$\overline{AB}$; $\overline{CD}$; $\overline{EF}$; $\overline{GH}$; $\overline{JK}$; $\overline{LM}$

c) Welche Stecken verlaufen parallel zur y-Achse?

$\overline{KL}$; $\overline{DE}$

4 Kreis im Koordinatensystem

a) Trage zuerst die Punkte $A(7|6)$ und $B(11|6)$ in das Koordinatensystem ein.
Nimm die Länge der Strecke $\overline{AB}$ in die Zirkelspanne und zeichne damit einen Kreis um den Punkt A.

b) Gib den Radius und den Durchmesser des Kreises um Punkt A an.

Radius: 2 cm Durchmesser: 4 cm

c) Ergänze.

Der Kreis um Punkt A und die Gerade durch ...

z. B.
– C(10 | 0) und D(13 | 11) haben keinen Punkt gemeinsam

– E(11 | 6) und F(11 | 0) haben einen Punkt gemeinsam

– G(11 | 6) und H(0 | 6) haben zwei Punkte gemeinsam

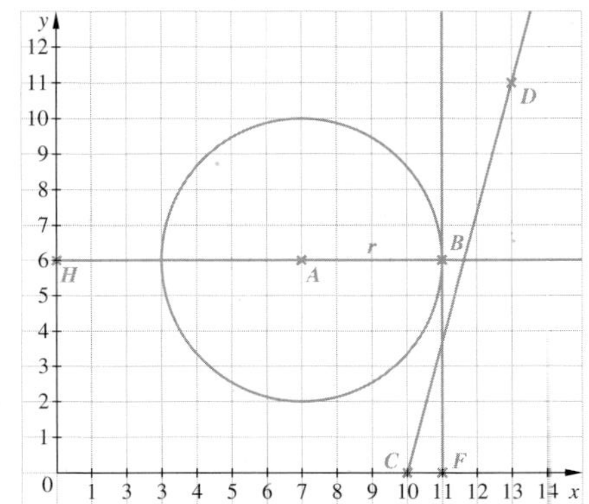

5 Orientierung auf einem Stadtplan

a) Überprüfe folgende Angaben und berichtige diese gegebenenfalls.

Die Kirche liegt im Planquadrat 3C.	ja
Die Schule liegt im Planquadrat 21.	nein (2A)
Der Bahnhof liegt im Planquadrat 5D.	ja
Der Sportplatz liegt im Planquadrat 5B.	nein (4A)

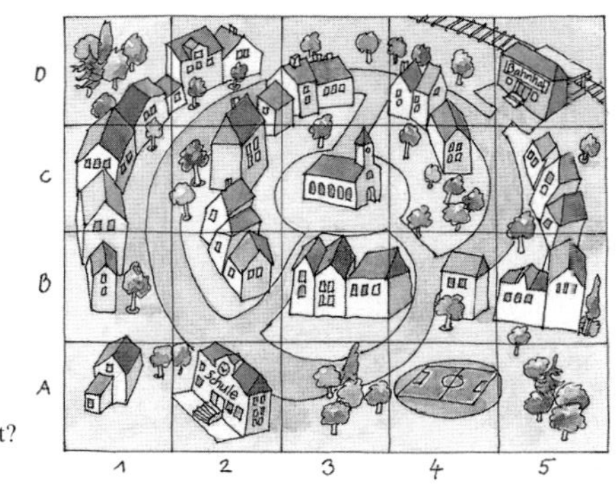

b) Welche Planquadrate sind zu durchqueren, wenn man auf dem kürzesten Weg von der Schule zum Bahnhof geht?

2A; 3A; 4A; 4B; 5C; 5D

c) Formuliere eine weitere Aufgabe und löse diese.

Parallel und senkrecht zueinander

▶ Grundwissen

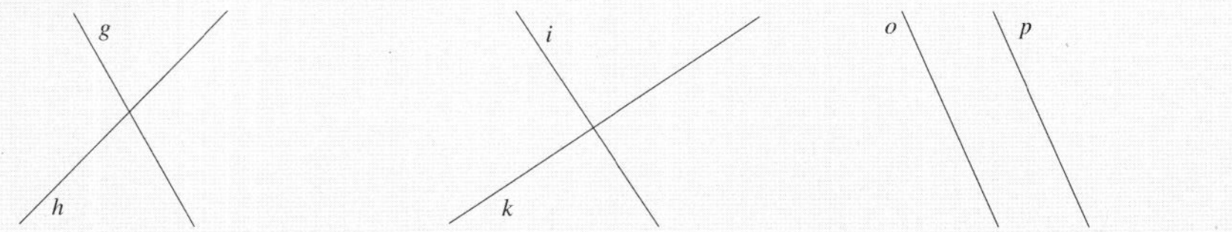

- Die Geraden g und h schneiden einander.
- Die Geraden i und k sind senkrecht zueinander ($i \perp k$).
- Die Geraden o und p sind parallel zueinander ($o \parallel p$).

▶ Auftrag: Vervollständige die drei Sätze.

Trainieren

1 Arbeite mit dem Geodreieck.

a) Welche der Geraden bzw. Strecken sind senkrecht zueinander?

$a \perp b$; $g \perp i$; $g \perp c$

b) Welche der Geraden bzw. Strecken sind parallel zueinander?

$c \parallel i$

$b \parallel e$

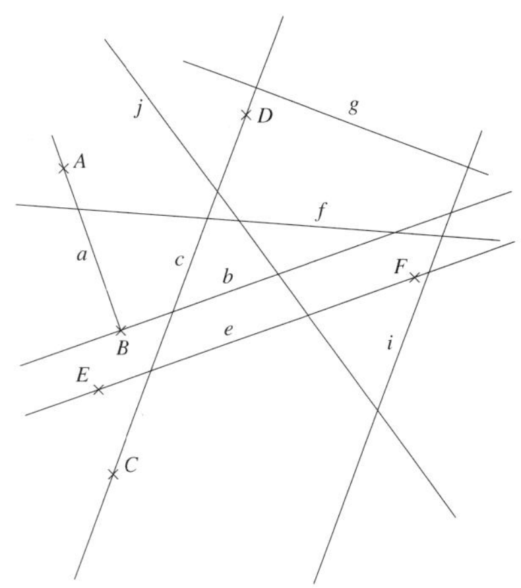

2 Zeichne rechts ein …

a) die Senkrechte zu AB durch den Punkt B
b) die Senkrechte zu AB durch den Punkt C
c) die Gerade AC
d) die Parallele zu AC durch den Punkt B
e) die Parallele zu AB durch den Punkt C
f) die Strecke $\overline{BC}$

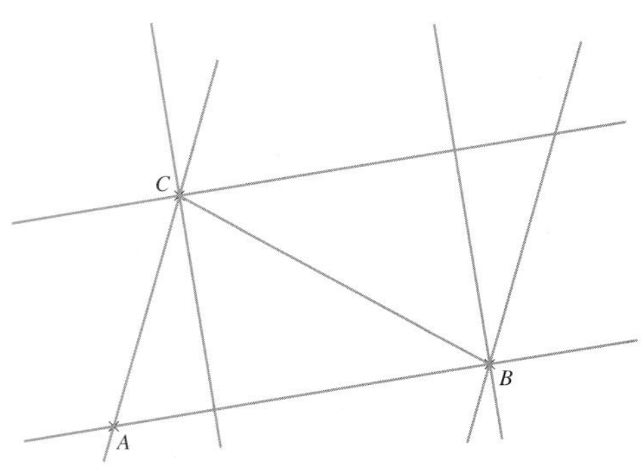

Vertiefen

3 Unterscheide zwischen Foto und Original

a) Auf dem Foto sind zwei Baumreihen zu sehen.
Sind diese parallel zueinander?
Sind die Wegränder parallel zueinander?

Vermutlich sind vor Ort sowohl die Baumreihen als auch die Wegreihen relativ parallel zueinander. Jedoch auf dem Foto ist dies nicht nachmessbar.

b) Ein gerades Stück Weg ist 15 m lang. Parallel zu diesem Weg werden links und rechts Bäume gepflanzt. Der Weg ist ca. 25 dm Meter breit. Der Abstand der Bäume in einer Baumreihe beträgt jeweils rund 5 m. Der Abstand der Bäume zum Wegrand beträgt 130 cm.
Veranschauliche die Situation mit Blick von oben in einer Zeichnung. Wähle 1 cm für 1 m.

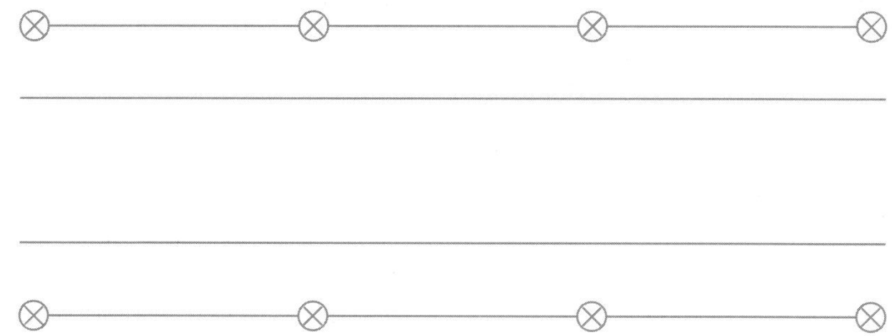

Wie viele Bäume wären für ein doppelt so langes Stück Weg erforderlich? 14 Bäume

4 Setze durch Zeichnen von Senkrechten und Parallelen folgende Muster bis zum rechten Rand fort.
Zusatzaufgabe: Male die entstandenen Bandornamente farbig aus. z. B.

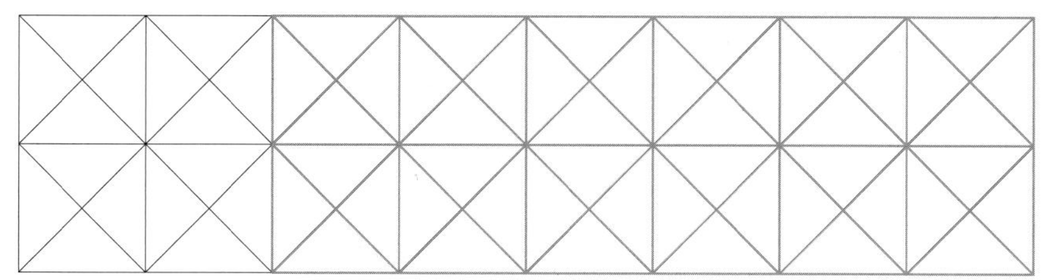

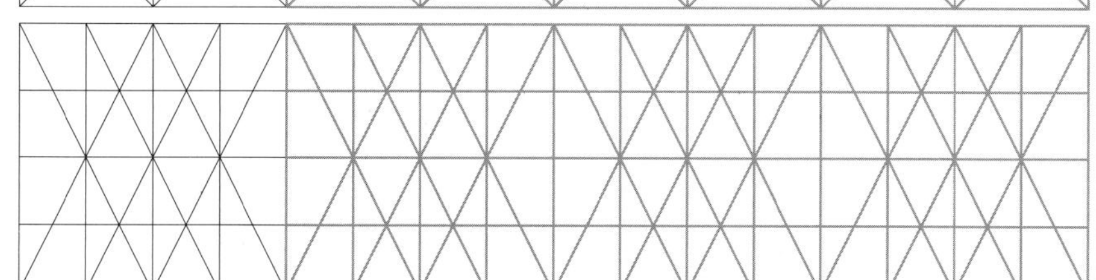

Vierecke

▶ Grundwissen

- Jedes Viereck mit vier gleich langen Seiten und vier rechten Winkeln ist ein Quadrat.
- Jedes Viereck mit vier gleich langen Seiten ist eine Raute (ein Rhombus).
- Jedes Viereck mit vier rechten Winkeln ist ein Rechteck.
- Jedes Viereck mit zwei Paaren paralleler Seiten ist ein Parallelogramm.
- Jedes Viereck mit einem Paar paralleler Seiten ist ein Trapez.
- Jedes Viereck mit zwei Paaren gleich langer benachbarter Seiten ist ein Drachenviereck.

▶ Auftrag: Ergänze die Sätze. Trage jede Bezeichnung genau einmal ein.

Trainieren

1 Je zwei Seiten eines Vierecks sind gegeben. Ergänze zuerste die fehlenden Seiten und zeichne danach die Diagonalen ein.

a) Raute b) Rechteck c) Quadrat

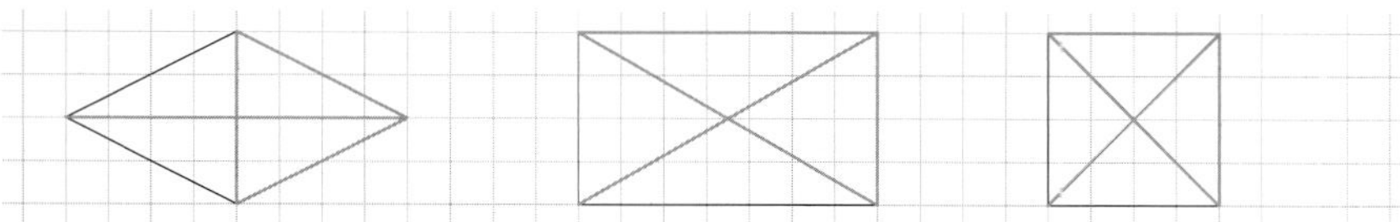

d) Drachenviereck e) Trapez f) Parallelogramm

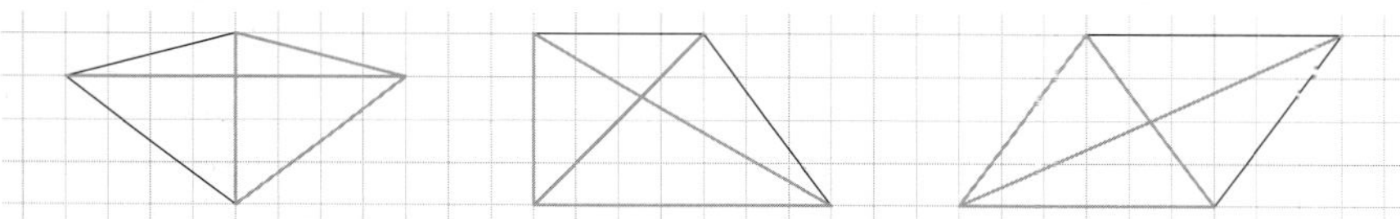

2 Benennen von Vierecken

a) Kreuze jeweils alle zutreffenden Bezeichnungen an.

	①	②	③	④	⑤	⑥	⑦	⑧
Quadrat							×	
Rechteck		×					×	
Parallelogramm		×	×		×		×	
Raute					×		×	
Trapez		×	×		×	×	×	
Drachenviereck				×	×		×	
Vierecke	×	×	×	×	×	×	×	×

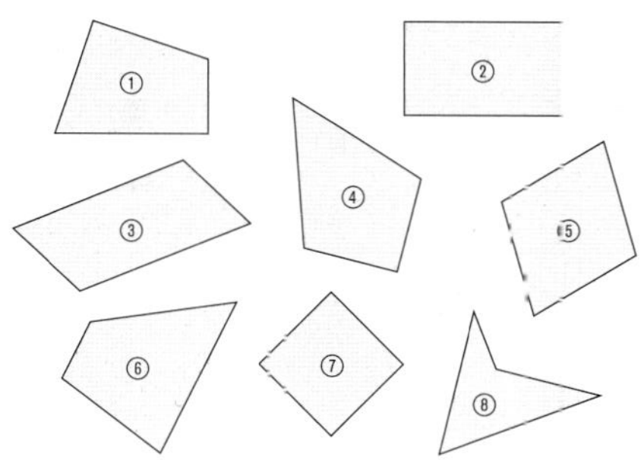

b) Wodurch unterscheidet sich eine Diagonale des Vierecks ⑧ von allen anderen?

Eine Diagonale verläuft außerhalb des Vierecks ⑧.

Vertiefen

3 Schreibe die Koordinaten der Ecken des jeweiligen Vierecks auf. Jeder Punkt ist nur einmal zu nehmen.
Hinweis: Zeichne die Seiten ein.

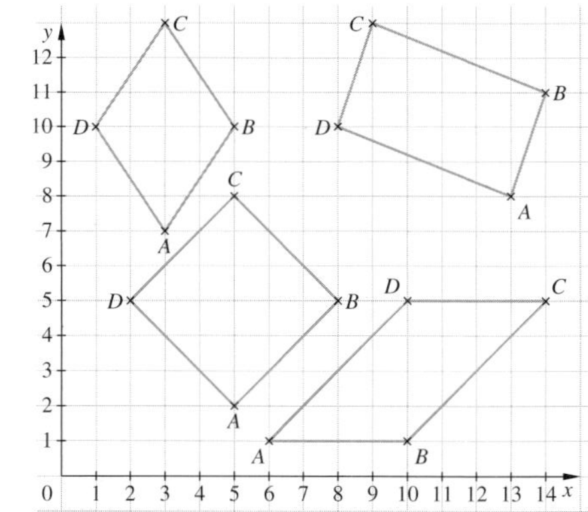

Quadrat:

$A(5|2)$; $B(8|5)$; $C(5|8)$; $D(2|5)$

Parallelogramm:

$A(6|1)$; $B(10|1)$; $C(14|5)$; $D(10|5)$

Rechteck:

$A(13|8)$; $B(14|11)$; $C(9|13)$; $D(8|10)$

Raute:

$A(3|7)$; $B(5|10)$; $C(3|13)$; $D(1|10)$

4 Gib jeweils die Anzahl der entsprechenden Vierecke in der Figur an.

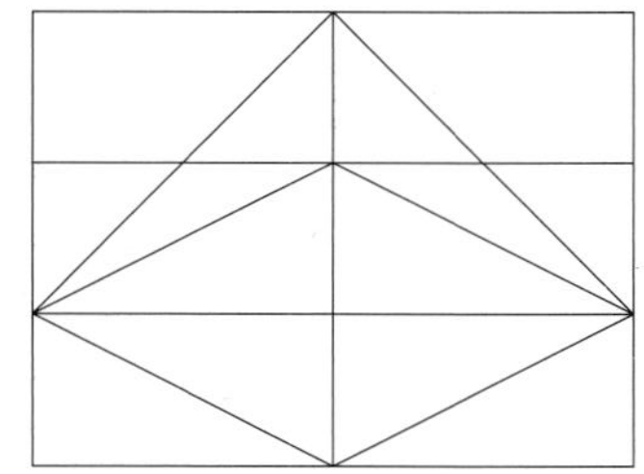

Quadrate: 4 Parallelogramme: 17

Rechtecke: 16 Drachenvierecke: 6

Rauten: 5

5 Ole möchte aus zwei Leisten und einem großen Bogen farbigem Papier einen Drachen bauen.
Die Leisten sind 50 cm bzw. 80 cm lang.
Die kürzere Leiste soll etwa 25 cm von der Spitze entfernt angebracht werden.
Der Bogen Papier ist 47 cm breit und 80 cm lang.
Untersuche, ob die vorhandenen Leisten und das Papier, so wie sie sind, für den Bau seines Drachens verwendet werden können. Zum Ausprobieren sind zwei Bogen vorgegeben.

Zwei Bogen farbiges Papier 80 cm × 47 cm

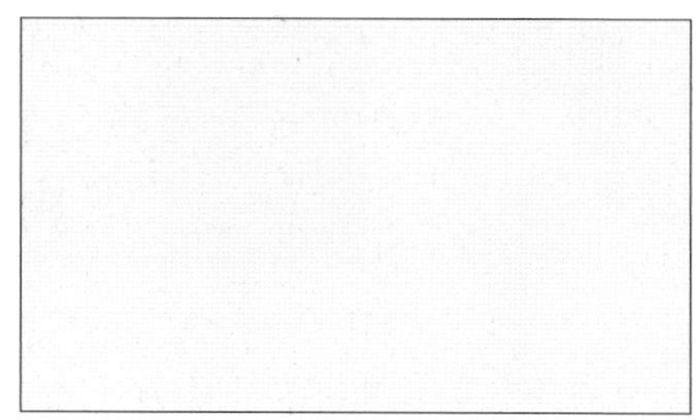

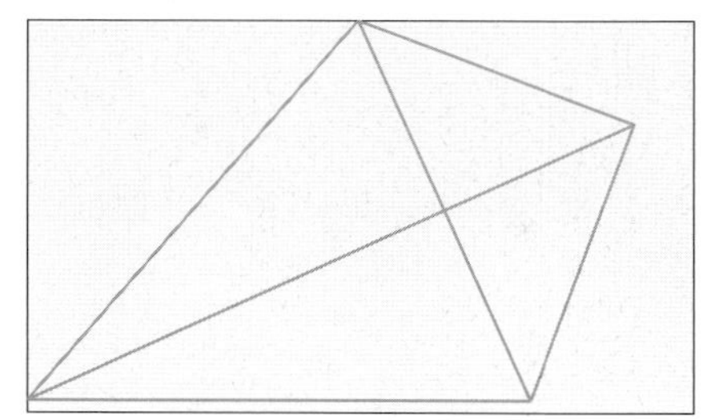

Die Leisten und das Papier können, so wie sie sind, für den Bau des Drachens verwendet werden.

Winkel und Winkelarten

▶ Grundwissen

- Zwei Strahlen mit gemeinsamen Anfangspunkt bilden einen Winkel.
  Der Anfangspunkt heißt Scheitelpunkt (kurz Scheitel).
  Die beiden Strahlen heißen Schenkel des Winkels.

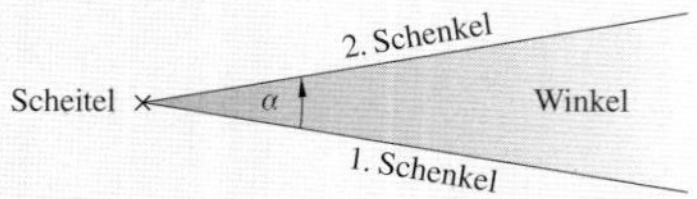

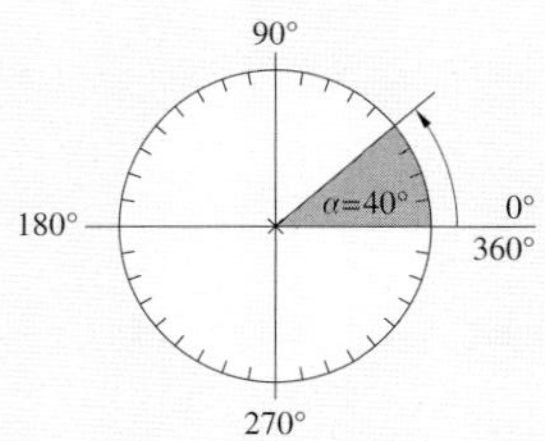

- Eine Einheit für die Größe eines Winkels ist Grad.
- Winkelarten im Überblick

Ein Winkel, dessen Größe zwischen 0° und 90° liegt, heißt spitzer Winkel.

Ein Winkel, dessen Größe zwischen 90° und 180° liegt, heißt stumpfer Winkel.

Ein Winkel, dessen Größe zwischen 180° und 360° liegt, heißt überstumpfer Winkel.

Ein Winkel, dessen Größe 0° beträgt, heißt Nullwinkel.

Ein Winkel, dessen Größe 90° beträgt, heißt rechter Winkel.

Ein Winkel, dessen Größe 180° beträgt, heißt gestreckter Winkel.

Ein Winkel, dessen Größe 360° beträgt, heißt Vollwinkel.

▶ Auftrag: Ergänze die Winkelbezeichnungen.

Trainieren

1 Schätzen und markieren von Winkeln

a) Lege Farben fest und markiere entsprechende Winkel.

☐ rechte Winkel

☐ stumpfe Winkel

☐ spitze Winkel

☐ überstumpfe Winkel

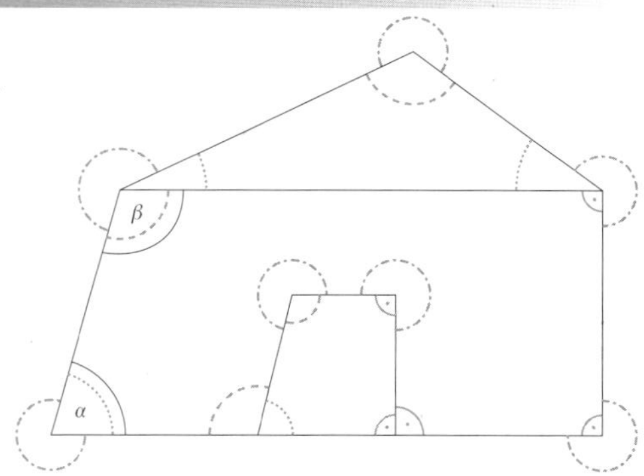

b) Schätze jeweils die Größe folgender Winkel.

$\alpha =$ 70° bis 80° (74°)

$\beta =$ 100° bis 110° (106°)

2 Ergänze jeweils zu einem Winkel mit der vorgegebenen Größe.

$\alpha = 60°$ $\beta = 36°$ $\gamma = 118°$ $\delta = 280°$

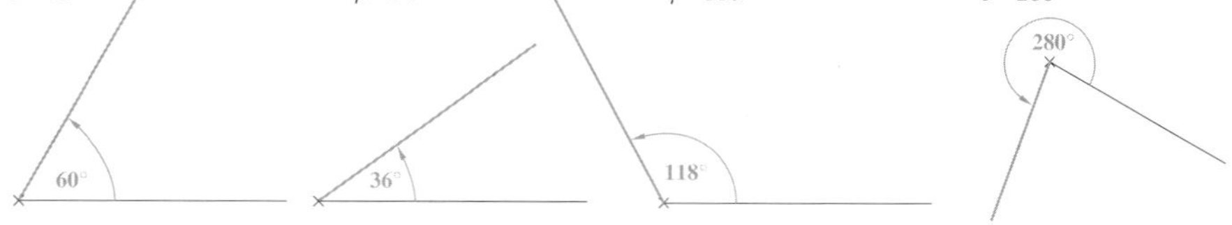

Vertiefen

3 Bei einem Billardspiel wird die weiße Kugel in die angegebene Richtung gestoßen.
Die Kugel prallt jeweils im gleichen Winkel von der Bande ab, wie sie auf die Bande trifft.
Welche Kugel wird nach drei Bandenberührungen von der weißen Kugel getroffen? Zeichne den Weg ein.

Die blaue Kugel wird von der weißen Kugel getroffen.

4 Gib die Größe der Winkel zwischen den Himmelsrichtungen an.

a) Norden und Westen

90° gegen den Uhrzeigersinn bzw. 270° im Uhrzeigersinn

b) Süden und Nordwesten

135° gegen den Uhrzeigersinn bzw. 225° im Uhrzeigersinn

c) Nordwesten und Osten

135° gegen den Uhrzeigersinn bzw. 225° im Uhrzeigersinn

5 Ein Schiff fährt genau nach Westen. Gib die Fahrtrichtung des Schiffes nach folgenden Kursänderungen an.

a) 45° nach Norden Nordwesten

b) 90° nach Süden Süden

c) 22,5° nach Norden West-Nordwest

d) 22,5° nach Süden West-Südwest

6 Eine Treppe, deren Stufen 20 cm hoch sind und 1 m breit, soll mit einem Neigungswinkel von 32° gebaut werden.
Ermittle mithilfe einer maßstäblichen Zeichnung die Stufentiefe.

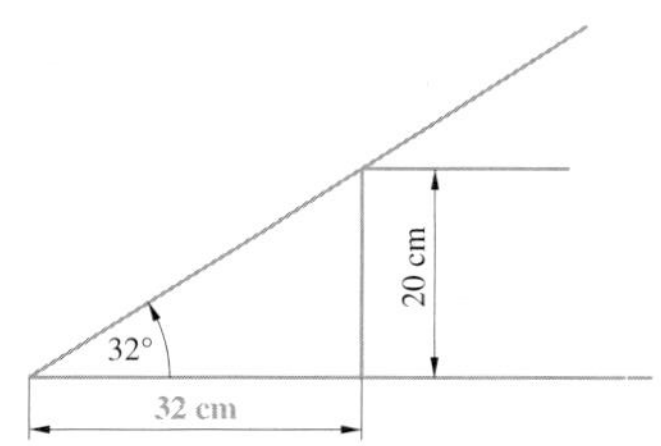

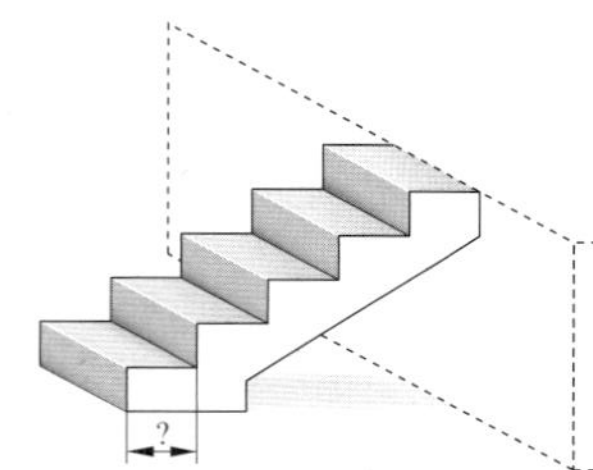

Die Stufen sind 32 cm tief.

Im Kopf multiplizieren und dividieren

► Grundwissen

- Multiplizieren bedeutet so viel wie malnehmen, vervielfachen, …
- Dividieren bedeutet so viel wie teilen, aufteilen, verteilen, …
- Beim Multiplizieren dürfen Faktoren vertauscht werden. Dadurch ändert sich der Wert des Produkts nicht.

► Auftrag: Trage folgende Begriffe an den richtigen Stellen ein:
teilen; verteilen; malnehmen; Produkt; vervielfachen; aufteilen.

Trainieren

1 Schreibe die Rechenausdrücke auf und berechne.

a) Multipliziere 3 mit 5. $3 \cdot 5 = 15$ b) Halbiere 8. $8 : 2 = 4$

c) Dividiere 12 durch 3. $12 : 3 = 4$ d) Verdreifache 7. $7 \cdot 3 = 21$

2 Multipliziere. Hinweis: Eine Potenz ist ein Produkt aus gleichen Faktoren, z. B. ist $3^4 = 3 \cdot 3 \cdot 3 \cdot 3 = 81$.

a) $30 \cdot 4 =$ 120 b) $20 \cdot 80 =$ 1600 c) $66 \cdot 10 =$ 660 d) $11 \cdot 4 =$ 44

e) $17 \cdot 2 =$ 34 f) $3 \cdot 25 =$ 75 g) $6 \cdot 13 =$ 78 h) $45 \cdot 4 =$ 180

i) $11^2 =$ 121 j) $2^3 =$ 8 k) $4^3 =$ 64 l) $2^6 =$ 64

3 Dividiere.

a) $35 : 5 =$ 7 b) $160 : 8 =$ 20 c) $60 : 15 =$ 4 d) $540 : 90 =$ 6

e) $81 : 9 =$ 9 f) $420 : 2 =$ 210 g) $80 : 80 =$ 1 h) $400 : 5 =$ 80

4 Ergänze die fehlenden Zahlen in den Multiplikationsmauern.

6480
120 | 54
20 | 6 | 9
10 | 2 | 3 | 3
5 | 2 | 1 | 3 | 1

24000000
4000 | 6000
40 | 100 | 60
4 | 10 | 10 | 6
2 | 2 | 5 | 2 | 3

5 Ergänze die Tabelle.

a	12	80	36	11	18	25	330	81
b	3	2	3	11	6	5	11	3
$a \cdot b$	36	160	108	121	108	125	3630	243
$a : b$	4	40	12	1	3	5	30	27

Vertiefen

6 Löse Zahlenrätsel. Gib zuerst die Gleichung an.

a) Mit welcher Zahl ist 8 zu multiplizieren, um 96 zu erhalten? $8 \cdot x = 96; x = 12$

b) Durch welche Zahl ist 153 zu teilen, um 17 zu erhalten? $153 : x = 17; x = 9$

c) Durch welche Zahl ist 175 zu dividieren, um 5^2 zu erhalten? $25 : x = 25; x = 5$

d) Mit welcher Zahl ist 13^2 zu vervielfachen, um 338 zu erhalten? $169 \cdot x = 338; x = 2$

e) Das Produkt welcher 3 aufeinander folgender Zahlen ist 720? $x \cdot (x+1) \cdot (x+2) = 720; x = 8$

f) Das Produkt zweier Zahlen ist 154. Finde möglichst viele Lösungen.

$7 \cdot 22 = 154$; $14 \cdot 11 = 154$; $77 \cdot 2 = 154$; $154 \cdot 1 = 154$

($22 \cdot 7 = 154$; $11 \cdot 14 = 154$; $2 \cdot 77 = 154$; $1 \cdot 154 = 154$)

7 Eine Fluggesellschaft hat 31 989 Buchungen für Flüge zu den Olympischen Spielen. Sie will 6 Jumbojets mit je 350 Plätzen einsetzen.
Jeder Jumbojet soll 15-mal fliegen.
Funktioniert dieser Plan? Begründe deine Antwort.

$6 \cdot 350 \cdot 15 = 31\,500$

Nein, 489 Buchungen können nicht berücksichtigt werden (wenn nichts storniert wird).

8 In einem Automobilwerk laufen stündlich rund 90 Autos vom Montageband.
Die Monteure arbeiten an fünf Tagen in der Woche, in drei Schichten zu je acht Stunden.

a) Berechne, wie viele Autos in einer Woche vom Montageband laufen.

$90 \cdot 5 \cdot 3 \cdot 8 = 10\,800$ 10 800 Autos laufen in einer Woche vom Montageband.

b) Schätze ab, wie viele Autos in einem Jahr hergestellt werden können.

Zwischen 520 000 Autos ($52 \cdot 10\,000$) und 575 000 Autos ($52 \cdot 11\,000$) können in einem Jahr hergestellt werden.

9 Ein rechteckiger Fußboden eines Bades soll gefliest werden. Von den großen quadratischen Fliesen passen in eine Reihe 7 Stück und man braucht 15 Reihen. Es werden nur Pakete mit je 12 Fliesen für 5,00 € angeboten.
Für spätere Reparaturen sollen 15 Fliesen übrig bleiben. Für eventuellen Verschnitt sind 10 Fliesen zu kaufen.
Veranschauliche zuerst den Sachverhalt. Berechne danach, wie viel Euro auszugeben sind.

$7 \cdot 15 = 105$ $105 + 15 + 10 = 130$

$130 : 12 = 10$ Rest 10 $11 \cdot 5\,€ = 55\,€$

55 € sind für die 11 Pakete mit Fliesen auszugeben.

Schriftlich multiplizieren und dividieren

▶ Grundwissen

Beispiele:

Überschlag: 4 0 0 · 1 0 = 4 0 0 0
3 9 1 · 1 3
3 9 1
1 1 7 3
1
5 0 8 3

Überschlag: 5 0 0 : 5 0 = 1 0
5 4 0 : 4 5 = 1 2
4 5
9 0
9 0
0

▶ Auftrag: Ergänze.

Trainieren

1 Ordne mithilfe des Überschlags jeder Aufgabe ihr Ergebnis zu. Zeichne dazu Linien ein.

456 · 41	6336 : 33	941 · 87	744 : 12	3321 · 78	7615 : 5	458 · 8
192	259038	1523	18696	81867	62	1523	3664

2 Überschlage zuerst. Multipliziere danach schriftlich.

a) 5000 · 3 = 15000

4 7 8 4 · 3
1 4 3 5 2

b) 10000 · 7 = 70000

1 3 4 8 9 · 7
9 4 4 2 3

c) 70000 · 6 = 420000

7 4 4 5 6 · 6
4 4 6 7 3 6

d) 60000 · 20 = 120000

5 6 4 5 · 2 3
1 1 2 9 0
1 6 9 3 5
1
1 2 9 8 3 5

e) 10000 · 70 = 700000

9 6 4 6 · 6 7
5 7 8 7 6
6 7 5 2 2
1 1 1
6 4 6 2 8 2

f) 30000 · 50 = 1500000

3 0 5 7 9 · 4 5
1 2 2 3 1 6
1 5 2 8 9 5
1 1
1 3 7 6 0 5 5

3 Überschlage zuerst. Dividiere danach schriftlich.

a) 600 : 6 = 100

9 3 6 : 6 = 1 5 6
6
3 3
3 0
3 6
3 6
0

b) 4500 : 9 = 500

4 7 4 3 : 9 = 5 2 7
4 5
2 4
1 8
6 3
6 3
0

c) 6000 : 10 = 600

5 8 6 3 : 1 3 = 4 5 1
5 2
6 6
6 5
1 3
1 3
0

Vertiefen

4 In einer Gärtnerei sollen 3648 Kakteen in Kästen zu je acht Stück verpackt werden.
Jeder gefüllte Kasten kostet 13,00 €. Berechne, wie viel Euro beim Verkauf aller Kästen eingenommen werden.

3 6 4 8 : 8 = 4 5 6
3 2
4 4
4 0
4 8
4 8
0

4 5 6 · 1 3
4 5 6
1 3 6 8
1
5 9 2 8

Beim Verkauf aller Kästen werden 5928 € eingenommen.

5 1260 Paprikaschoten sollen in Netze zu je drei Stück verpackt werden. Jeweils 15 Netze kommen in eine Kiste.
Ermittle, wie viele Kisten dafür benötigt werden.

1 2 6 0 : 3 = 4 2 0
1 2
0 6
6
0 0
0 0
0

4 2 0 : 1 5 = 2 8
3 0
1 2 0
1 2 0
0

Es werden 28 Kisten benötigt.

6 Herr Meier erfüllt sich seinen Traum und kauft sich ein sehr leichtes Rennrad zum Preis von 873,00 €. Er erbringt eine Anzahlung von 362,00 € und zahlt den Rest in monatlichen Raten zu 52,00 €. Berechne, wie viele Monate Herr Meier abzahlt, wenn keine Zinsen verlangt werden?

8 7 3
− 3 6 2
5 1 1

5 1 1 : 5 2 = 9 R 4 3
4 6 8
4 3

Herr Meier zahlt das Rennrad in 10 Monaten ab. Im 10. Monat zahlt er 43 €.

7 Ergänze die fehlenden Zahlen.
Rechne, wenn nötig, auf einem zusätzlichen Blatt schriftlich.

a) Die Summe in den Spalten, in den Zeilen und in den Diagonalen ist 396.

33	198	165
264	132	0
99	66	231

b) Das Produkt in den Spalten, in den Zeilen und in den Diagonalen ist 4096.

128	1	32
4	16	64
8	256	2

c) Zusatzaufgabe: Das Produkt in den Spalten, in den Zeilen und in den Diagonalen ist 32768.

256	2	64
8	32	128
16	512	4

Rechengesetze

▶ Grundwissen

Beispiele:

- Kommutativgesetz der Multiplikation (K-Gesetz): In einem Produkt darf die Reihenfolge der Faktoren vertauscht werden. Der Wert des Produkts ändert sich dabei nicht. — $19 \cdot 2 =$ $2 \cdot 19 = 38$
- Assoziativgesetz der Multiplikation (A-Gesetz): In einem Produkt dürfen Klammern gesetzt oder weggelassen werden. Der Wert des Produkts ändert sich dabei nicht. — $(19 \cdot 2) \cdot 5 =$ $19 \cdot (2 \cdot 5) = 190$
- Distributivgesetz der Multiplikation (D-Gesetz): Eine Summe wird mit einer Zahl multipliziert, indem die Zahl mit jedem Summanden multipliziert wird und die Ergebnisse addiert werden. — $4 \cdot (11 + 3) =$ $4 \cdot 11 + 4 \cdot 3 = 56$
- Potenzen haben Vorrang vor Punktrechnung und Punktrechnung hat Vorrang vor Strichrechnung. — $40 - 2^3 \cdot 4 =$ $40 - 8 \cdot 4 = 40 - 32 = 8$

▶ Auftrag: Ergänze die Beispiele und berechne.

Trainieren

1 Rechne, wenn möglich, mithilfe der Rechengesetze vorteilhaft.
Hinweis: Versuche alle Aufgaben im Kopf zu lösen. Nutze gegebenenfalls zum Rechnen ein zusätzliches Blatt.

a) $17 \cdot 4 =$ $4 \cdot 17 = 68$
b) $(24 \cdot 5) \cdot 4 =$ $24 \cdot (5 \cdot 4) = 480$
c) $3 \cdot (21 + 6) =$ $3 \cdot 21 + 3 \cdot 6 = 81$
d) $(19 - 6) \cdot 2 =$ $19 \cdot 2 - 6 \cdot 2 = 26$
e) $5^2 - 3 \cdot 4 =$ $25 - 12 = 13$
f) $2^2 \cdot 12 - 8 =$ $48 - 8 = 40$
g) $25 \cdot 101 =$ $101 \cdot 25 = 2525$
h) $1000 : 25 =$ 40
i) $5 \cdot 507 =$ $507 \cdot 5 = 2535$
j) $5 \cdot 507 \cdot 2 =$ $507 \cdot (5 \cdot 2) = 5070$
k) $11 \cdot 4 \cdot 1250 =$ $11 \cdot (4 \cdot 1250) = 55\,000$
l) $32 \cdot (199 - 188) =$ $32 \cdot (199 - 188) = 32 \cdot 11 = 352$
m) $7 \cdot 32 - 7 \cdot 22 =$ $7 \cdot (32 - 22) = 7 \cdot 10 = 70$
n) $45 \cdot 9 + 25 \cdot 9 =$ $(45 + 25) \cdot 9 = 70 \cdot 9 = 630$
o) $4 \cdot 51 + 9 \cdot 4 =$ $(51 + 9) \cdot 4 = 60 \cdot 4 = 240$
p) $7 \cdot 32 + 7 \cdot 50 + 7 \cdot 18 =$ $7 \cdot (50 + 32 + 18) = 700$
q) $12 + 12 : 3 =$ $12 + 4 = 16$
r) $(12 + 12) : 3 =$ $24 : 3 = 8$
s) $24 + 6 \cdot 2^2 =$ $24 + 24 = 48$
t) $3^3 + 2 \cdot 3^3 =$ $3^3 + 2 \cdot 27 = 27 + 54 = 81$

2 Schreibe jeweils mindestens eine Aufgabe auf, die mithilfe des Rechengesetzes schneller gelöst werden kann.
Hinweis: Kontrolliert die Vorschläge gegenseitig.

Kommutativgesetz der Multiplikation: individuelle Lösungen

Assoziativgesetz der Multiplikation: individuelle Lösungen

Distributivgesetz: individuelle Lösungen

Vertiefen

3 Rechne mithilfe von Rechengesetzen vorteilhaft. Schreibe einen Zwischenschritt auf.

a) $8 \cdot 13 \cdot 125 \cdot 13 =$ $8 \cdot 125 \cdot 13 \cdot 13 = 1000 \cdot 169 = 169\,000$

b) $75 \cdot 15 \cdot 20 \cdot 4 =$ $75 \cdot 4 \cdot 15 \cdot 20 = 300 \cdot 300 = 90\,000$

c) $12 + 12 \cdot 7 =$ $12 \cdot (1 + 7) = 12 \cdot 8 = 96$

d) $2 \cdot (17 + 79) \cdot 5 =$ $2 \cdot 5 \cdot (17 + 84) = 10 \cdot 86 = 860$

e) $3^2 \cdot 21 + 9 \cdot 36 + 3^3 =$ $9 \cdot 21 + 9 \cdot 36 + 9 \cdot 3 = 9 \cdot (21 + 36 + 3) = 9 \cdot 60 = 540$

f) $20 \cdot 167 + 13 \cdot 20 + 20^2 =$ $20 \cdot 187 + 20 \cdot 13 + 20 \cdot 20 = 20 \cdot (167 + 13 + 20) = 20 \cdot 200 = 4000$

4 Löse die Zahlenrätsel. Gib zuerst die Gleichung an. Hinweis: Nutze zum Rechnen ein zusätzliches Blatt.

a) Mit welcher Zahl ist die Summe aus 2 und 5 zu multiplizieren, um 84 zu erhalten? $(2 + 5) \cdot x = 84; x = 12$

b) Durch welche Zahl ist die Differenz aus 151 und 19 zu dividieren, um 33 zu erhalten? $(151 - 19) : x = 33; x = 4$

c) Mit welcher Zahl ist die Potenz aus 2 hoch 5 zu multiplizieren, um 1024 zu erhalten? $2^5 \cdot x = 1024; x = 32$

d) Welche Zahl ist zur Differenz aus 111 und 89 zu addieren, um die Hälfte von 128 zu erhalten? $(111 - 89) + x = 64; x = 42$

e) Wie oft ist die Zahl 3 mit sich selber zu multiplizieren, um das Produkt aus 27 und 3 zu erhalten? $3^x = 27 \cdot 3; x = 4$

f) Das Produkt einer Summe von drei natürlichen Zahlen mit 13 ergibt 195.
Welchen Wert hat die Summe?
Gib drei verschiedenen Möglichkeiten für die Summe an, wenn nur ungerade verschiedenen Summanden vorkommen dürfen.

Die Summe ist 15. Möglichkeiten für die Summe sind $15 = 3 + 7 + 5 = 1 + 3 + 11 = 1 + 5 + 9$.

5 Für eine Veranstaltung im alten Theatersaal mit 550 Sitzplätzen sind im Vorverkauf 449 Karten und die Restkarten an der Abendkasse verkauft worden. Im Vorverkauf kostete eine Karte 9,00 € und 1,00 € Vorverkaufgebühr, an der Abendkasse 11,00 €.

Wie hoch waren die Einnahmen der Veranstalter, wenn die Saalmiete 1 000 € beträgt?

Schreibe einen einzigen Term auf, der alle Angaben enthält und mit dem du das Ergebnis berechnen kannst. Nutze Rechenvorteile.

$449 \cdot (9\,€ + 1\,€) + (550 - 449) \cdot 11\,€ - 1000\,€$

$= 449 \cdot 10\,€ + 101 \cdot (10\,€ + 1\,€) - 1000\,€$

$= 4490\,€ + 1010\,€ + 101\,€ - 1000\,€$

$= 4490\,€ + 1111\,€ - 1000\,€ = 4490\,€ + 111\,€ = 4879\,€$.

Die Einnahmen des Veranstalters betragen 4879 €.

Zufallsversuche mit Baumdiagrammen beschreiben

▶ Grundwissen

- Im Baumdiagramm können alle Ergebnisse eines Zufallsexperimentes genau einmal dargestellt werden.
- Durch Multiplizieren der Anzahl der Möglichkeiten jeder Stufe erhält man die Anzahl der möglichen Ergebnisse.

Beispiel:
Martin (M), Alexander (A) und Klaus (K) überlegen, wer beim Staffellauf als Erster, Zweiter bzw. Dritter startet.
Dafür veranschaulichen sie alle Möglichkeiten genau einmal.
Anzahl der Möglichkeiten:
$3 \cdot 2 \cdot 1 = 6$

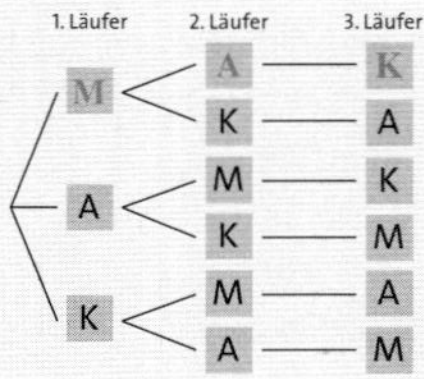

Variante 1: Martin – Alexander – Klaus
Variante 2: Martin – Klaus – Alexander
Variante 3: Alexander – Martin – Klaus
Variante 4: Alexander – Klaus – Martin
Variante 5: Klaus – Martin – Alexander
Variante 6: Klaus – Alexander – Martin

▶ Auftrag: Ergänze Variante 1.

Trainieren

1 Jeder der drei Streifen der Flagge des Sportclubs Tricolor soll eine andere Farbe haben. Schwarz, Grün, Blau und Rot stehen zur Verfügung.

a) Veranschauliche im Baumdiagramm alle Möglichkeiten. Färbe dazu die Teile der Flaggen ein.

b) Berechne die Anzahl der Möglichkeiten.

$4 \cdot 3 \cdot 2 = 24$

Es gibt 24 Möglichkeiten für die Flagge.

c) Zeichne die drei am besten aussehenden Flaggen etwas größer.

individuelle Lösung

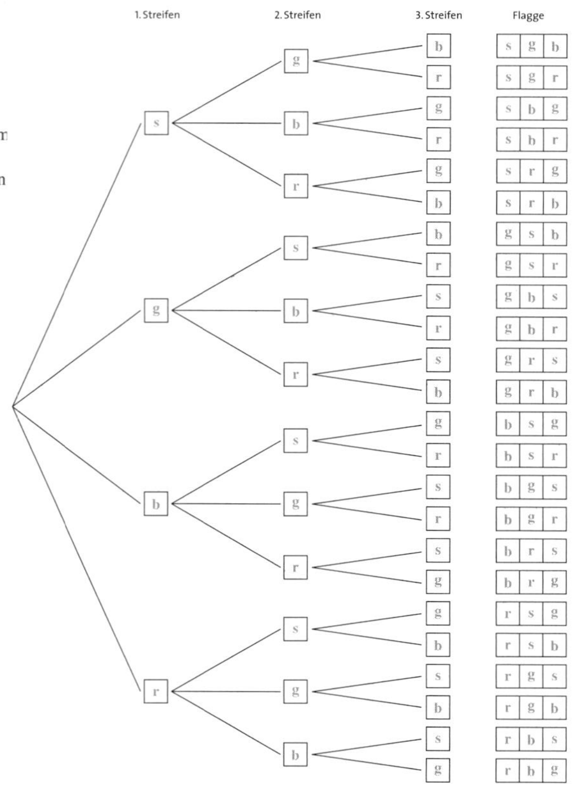

Vertiefen

2 Anordnen von Buchstaben

a) Stelle im Baumdiagramm alle Möglichkeiten, die Buchstaben O, R und T nacheinander anzuordnen, dar. Notiere rechts daneben die Möglichkeiten und markiere alle Anordnungen, die ein sinnvolles Wort ergeben.

z. B.

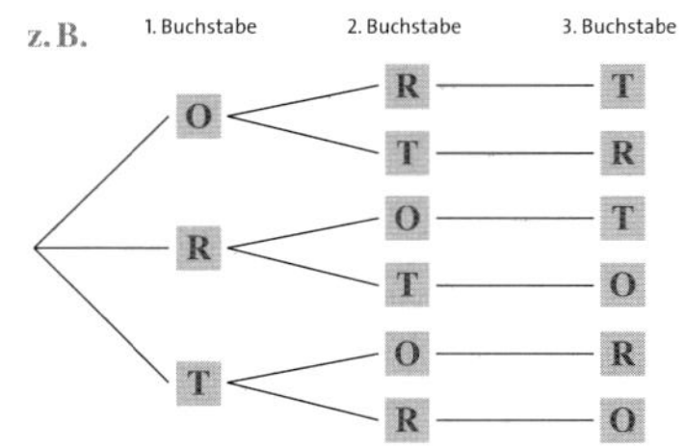

ORT
OTR
ROT
RTO
TOR
TRO

b) Wahr oder falsch? Kreuze an und begründe kurz deine Entscheidung.

Nadja sagt: „Genau vier sinnvolle Wörter mit nur zwei Buchstaben können aus den fünf Buchstaben gebildet werden.“ ☐ wahr ☒ falsch

Sechs sinnvolle Wörter sind möglich: AM; AN; IM; IN; UM und AI (südamerik. Faultier).

Mila sagt: „Es gibt 20 Möglichkeiten, je zwei der Buchstaben zu kombinieren.“ ☒ wahr ☐ falsch

$5 \cdot 4 = 20$

Walid sagt: „Es gibt 120 Möglichkeiten, alle fünf Buchstaben zu kombinieren.“ ☒ wahr ☐ falsch

$5 \cdot 4 \cdot 3 \cdot 2 \cdot 1 = 120$

3 Anna sagt: „Ich habe drei Geschwister. Mindestens eins davon ist ein Bruder.“
Stefanie sagt: „Ich habe auch drei Geschwister. Das jüngste ist ein Bruder.“
Finde mithilfe eines Baumdiagramms heraus, wer von beiden vermutlich eher mindestens zwei Brüder haben kann.
Begründe deine Meinung.
Hinweis: Schreibe jeweils „J“ für Bruder bzw. Junge und „M“ für Schwester bzw. Mädchen.

z. B.

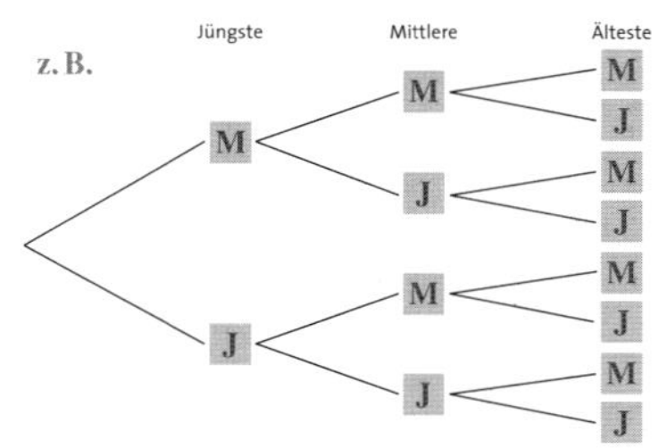

Geschwister nach dem Alter sortiert von Anna:

MMJ; MJM; MJJ; JMM; JMJ; JJM; JJJ

Geschwister nach dem Alter sortiert von Stefanie:

JMM; JMJ; JJM; JJJ

Bei Anna gibt es insgesamt 7 Möglichkeiten. Bei 4 davon hat sie mindestens zwei Brüder. Der Anteil beträgt $\frac{4}{7}$.

Bei Stefanie gibt es insgesamt 4 Möglichkeiten. Bei 3 davon hat sie mindestens zwei Brüder. Der Anteil beträgt $\frac{3}{4}$.

$\frac{4}{7} = \frac{16}{28}$ $\frac{3}{4} = \frac{21}{28}$ $\frac{16}{28} < \frac{21}{28}$ Stefanie hat demzufolge vermutlich eher zwei Brüder.

Vorzeichenregeln

▶ **Grundwissen**

- Zwei ganze Zahlen mit gleichem Vorzeichen werden multipliziert bzw. dividiert, indem man die Beträge der Zahlen multipliziert bzw. dividiert. Das Vorzeichen des Ergebnisses ist „+“.

  Beispiele: $(+14) \cdot (+20) = +(14 \cdot 20) = +280 = 280$ $(-22) : (-11) = +(22 : 11) = +2 = 2$

- Zwei ganze Zahlen mit verschiedenen Vorzeichen werden multipliziert bzw. dividiert, indem man die Beträge der Zahlen multipliziert bzw. dividiert. Das Vorzeichen des Ergebnisses ist „–“.

  Beispiele: $(+21) \cdot (-7) = -(21 \cdot 7) = -147$ $(-36) : (+3) = -(36 : 3) = -12$

▶ Auftrag: Ergänze die Beispiele.

Trainieren

1 Multipliziere.

a) $(+8) \cdot (-4) = -32$ b) $(-5) \cdot (-12) = +60$

c) $(+66) \cdot (+3) = +198$ d) $(-65) \cdot (-4) = +260$

e) $(-99) \cdot (-2) = +198$ f) $33 \cdot (+3) = +99$

g) $106 \cdot 7 = +742$ h) $-45 \cdot (-11) = +495$

2 Dividiere.

a) $(-36) : (-4) = +9$ b) $(+200) : (+50) = +4$

c) $(-360) : (+120) = -3$ d) $610 : (-61) = -10$

e) $-90 : (+30) = -3$ f) $-30 : (-6) = +5$

g) $-630 : (+7) = -90$ h) $90 : (-90) = -1$

3 Ergänze die fehlenden Zahlen in den Multiplikationsmauern.

Mauer 1:
30000
−150 | −200
15 | −10 | 20
−3 | −5 | 2 | 10

Mauer 2:
−1 080
−18 | +60
3 | −6 | −10
1 | 3 | −2 | 5

4 Entscheide, ob das Ergebnis „kleiner als null“ oder „größer als null“ ist.

a) $-99 \cdot (-2) \cdot 200 : (+50)$ [>] 0 b) $-396 : (-3) \cdot 256 : (-55)$ [<] 0

c) $-458 : (-2) \cdot 295 : (-25)$ [<] 0 d) $99 \cdot (-2) : 200 \cdot 50$ [<] 0

e) $-789 \cdot (-13) \cdot (-262) : (-3)$ [>] 0 f) $-574 \cdot (-17) : 20 : (-5)$ [<] 0

Vertiefen

5 13 Schülerinnen und Schüler der Klasse 5b haben bei ihrer Klassenlehrerin noch nicht die 4,50 € Schulden für den Kinobesuch in der letzten Woche beglichen.

a) Wie viel Euro Schulden haben sie zusammen bei ihrer Klassenlehrerin?

$13 \cdot (-4{,}50\ €) = -58{,}50\ €$

Sie haben insgesamt 58,50 € Schulden bei ihrer Klassenlehrerin.

b) Sabine möchte für sich, ihre Schwester und eine Freundin mit einen 20-€-Schein den Kinobesuch bezahlen. Berechne, wie viel Wechselgeld Sabine bekommt.

$20\ € - 3 \cdot 4{,}50\ € = 6{,}50\ €$

Sabine bekommt 6,50 € Wechselgeld.

6 Markiere alle Fehler und ermittle das richtige Ergebnis.

a) $2 \cdot (11 - 7) \cdot (45 + 45) = 22 - 7 \cdot 90 = 15 \cdot 90 = 1\,350$

$2 \cdot (11 - 7) \cdot (45 + 45) = 2 \cdot 4 \cdot 90 = 720$

b) $-45 : (-3 + 7 + 5) - (-51) = 45 : 6 - 51 = 45 : (-45) = -1$

$-45 : (-3 + 7 + 5) - (-51) = -45 : 9 + 51 = -5 + 51 = 46$

c) $100 - (65 \cdot 2 - 80) : (-75 : 3) = 100 - 50 : (-25) = 98$

$100 - (65 \cdot 2 - 80) : (-75 : 3) = 100 - 50 : (-25) = 100 + 2 = 102$

7 Carola, Nadine und Lisa haben beim Schulfest an einem Stand Kuchen verkauft. Leider regnete es während des Schulfestes sehr oft, weshalb weniger Gäste als im letzten Jahr kamen und nicht alles verkauft werden konnte. Die drei Schülerinnen nahmen insgesamt 86,50 € ein. Für den Stand mussten sie jedoch 5,00 € zahlen und für den Kuchen fielen zuvor 50,00 € an. Den restlichen Kuchen und den Gewinn wollen sie gleichmäßig aufteilen. Berechne, wie viel jedes Mädchen vom Gewinn erhält.

Auslagen: 5 € Standmiete; 50 € Kuchen 5 € + 50 € = 55 €

Differenz von Einnahmen und Auslagen: 86,50 € − 55 € = 31,50 €

Aufteilen des Gewinns: 31,50 € : 3 = 10,50 €

Jedes der drei Mädchen erhält 10,50 € und etwas vom übrig gebliebenen Kuchen.

8 Berechne.

a) $(-3)^3 = -27$ b) $-7^2 = -49$ c) $(-5)^2 = 25$ d) $-(-4)^3 = 64$

9 Gib die Gleichung an und die Lösung des Zahlenrätsels.

a) Der Wert des Quotienten einer Zahl dividiert duch −2 ist 18. $x : (-2) = 18$ Lösung: −36

b) Die Division von −48 durch die Zahl ergibt −16. $-48 : x = -16$ Lösung: 3

Verbindung der Grundrechenarten

▶ Grundwissen

	Beispiele:
• Für ganze Zahlen gelten dieselben Rechenregeln und Rechengesetze wie für natürliche Zahlen.	$4 + 2^3 : (-5 + 3) = -4 + 8 : (-2) =$ $-4 - 2 = -6$
• Kommutativgesetze der Addition: $a + b = b + a$	$-5 + 6 =$ $6 - 5 = 1$
• Kommutativgesetze der Multiplikation: $a \cdot b = b \cdot a$	$(-3) \cdot 13 =$ $13 \cdot (-3) = -39$
• Assoziativgesetz der Addition: $(a + b) + c = a + (b + c)$	$(-4 + 6) - 6 =$ $-4 + (6 - 6) = -4$
• Assoziativgesetz der Multiplikation: $(a \cdot b) \cdot c = a \cdot (b \cdot c)$	$(7 \cdot 25) \cdot (-4) =$ $7 \cdot (25 \cdot (-4)) = 7 \cdot (-100) = -700$
• Distributivgesetz: $a \cdot (b + c) = a \cdot b + a \cdot c$	$-4 \cdot (15 + 3) =$ $-4 \cdot 15 + (-4) \cdot 3 = -60 + (-12) = -72$

▶ Auftrag: Ergänze die Beispiele und berechne.

Trainieren

1 Rechne im Kopf.

a) $4 \cdot 8 : 2 =$ $32 : 2 = 16$

b) $120 : 4 \cdot 3 =$ $30 \cdot 3 = 90$

c) $7^2 : 7 : 7 =$ $49 : 7 : 7 = 7 : 7 = 1$

d) $120 : (4 \cdot 3) =$ $120 : 12 = 10$

e) $(-40) \cdot 5 \cdot (-6) =$ $(-200) \cdot (-6) = 1200$

f) $(-6) \cdot (-10) \cdot 4 \cdot (-15) =$ $60 \cdot (-60) = -3600$

2 Rechne im Kopf. Nutze Rechenvorteile.

a) $24 \cdot 8 + 8 \cdot 26 =$ $24 \cdot 8 + 26 \cdot 8 = (24 + 26) \cdot 8 = 400$

b) $125 \cdot 3 \cdot 6 \cdot (-8) =$ $125 \cdot (-8) \cdot 3 \cdot 6 = -18000$

c) $(-4) \cdot 665 - (-4) \cdot 65 =$ $(-4) \cdot 600 = -2400$

d) $6 \cdot (-10) + (-15 : 3) \cdot 6 =$ $6 \cdot (-10 - 5) = -90$

3 Rechne schriftlich auf einem zusätzlichen Blatt.

a) $3660 : 12 - 5317 : 13 =$ $305 - 409 = -104$

b) $155 \cdot 4 - 518 \cdot (-5) =$ $620 + 2590 = -3210$

c) $64 : 2^3 - 36 : (-3) =$ $64 : 8 - (-12) = 8 + 12 = 20$

d) $16 \cdot 4^2 - 5^2 \cdot 4 =$ $16 \cdot 16 - 25 \cdot 4 = 196 - 100 = 96$

e) $-12 - 6 \cdot (45 - 30) =$ $-12 - 6 \cdot 15 = -12 - 90 = -102$

f) $3^4 - 3^2 \cdot 3 + (-3)^3 =$ $81 - 27 - 27 = 81 - 54 = 27$

g) $(-11)^2 \cdot [14 : 7 - (-3)]^2 =$ $121 \cdot 25 = 3025$

h) $16 \cdot 4^2 - 5^2 \cdot 4 =$ $16 \cdot 16 - 25 \cdot 4 = 256 - 100 = 156$

i) $[50 + (-11 - 39)] : [35 - 28 : 7] =$ $0 : 31 = 0$

j) $88 \cdot [63 - (6^2 + 27)] =$ $88 \cdot [63 - 63] = 88 \cdot 0 = 0$

4 Rechne schriftlich auf einem zusätzlichen Blatt. Nutze Rechenvorteile.

a) $9753 \cdot 12 - 4927 \cdot 12 =$ $4826 \cdot 12 = 57912$

b) $(143 + 57) \cdot 4 - (111 + 89) \cdot (-5) =$ $200 \cdot 9 = 1800$

c) $144 \cdot (-37) + 12^2 \cdot (51 - 86) =$ $144 \cdot (-72) = -10368$

d) $(895 + 1079) : (617 - 523) - 8 =$ $21 - 8 = 13$

Vertiefen

5 Emmas Schachmannschaft besteht zurzeit aus 14 Mitgliedern. Zum Jahresabschluss sind noch 303,96 € in der gemeinsamen Kasse.
Jedes Kind außer Emma und Ulf erhält vom Trainer zur Erinnerung ein T-Shirt. Die beiden haben bereits derartige T-Shirts und erhalten deshalb eine Tasche. Der Rest des Geldes soll für den bereits geplanten gemeinsamen Ausflug aufgehoben werden.
Jedes T-Shirt kostet 17,00 € und eine Tasche nur 14,00 €.

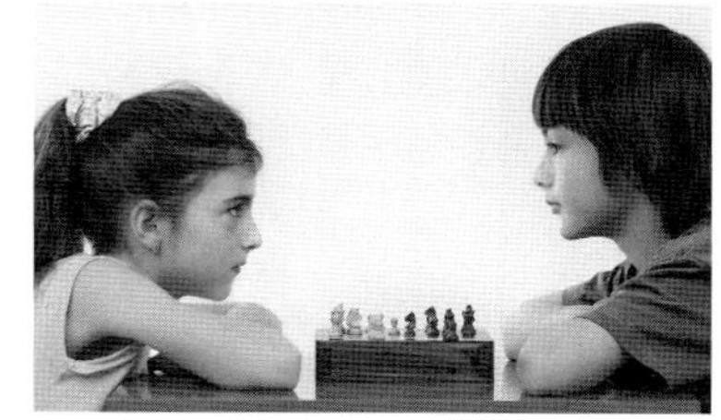

Emma rechnet: $30396 - 12 \cdot 1700 - 2 \cdot 1400 : 14 = \ldots$
Sie kommt zu dem Ergebnis, dass für jeden noch 138,00 € zur Verfügung stehen und wundert sich darüber.

Ulf rechnet: $30396 - (1700 \cdot 12 + 1400 \cdot 2) : 14 = \ldots$
Er kommt zu dem Ergebnis, dass für jeden noch rund 327,43 € zur Verfügung stehen und wundert sich darüber.

a) Andere Mitglieder kamen zu folgenden Ergebnissen.
Ermittle mithilfe des Überschlags, welches Ergebnis richtig sein kann. Kreuze entsprechend an.

☐ Anna: 74 ct ☒ Maria: 514 ct ☒ Erik: 7,58 € ☐ Max: 14,71 €

b) Verändere mindestens einen der beiden Rechenansätze so, dass man zum richtigen Ergebnis kommt.
Ermittle, wie viel für jedes Mitglied zur Verfügung steht.

Emma:
$(30396 - 12 \cdot 1700 - 2 \cdot 1400) : 14 = (30396 - 20400 - 2800) : 14 = 7196 : 14 = 514$

Ulf:
$(30396 - (1700 \cdot 12 + 1400 \cdot 2)) : 14 = (30396 - (20400 + 2800)) : 14 = 7196 : 14 = 514$

Für jedes Mitglied stehen noch 5,14 € zur Verfügung.

6 Rechenbäume

a) Ergänze den Rechenbaum und gib den passenden Term an.

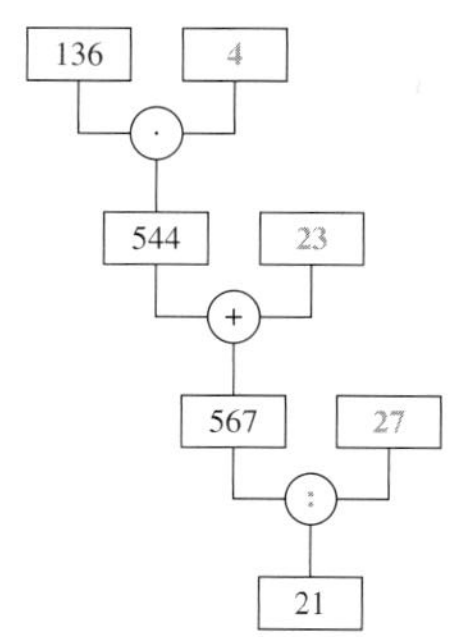

$(136 \cdot 4 + 23) : 27 = 21$

b) Erstelle einen Rechenbaum für den Term $(91 - 19) : (3^2 + 15)$ und berechne das Ergebnis.

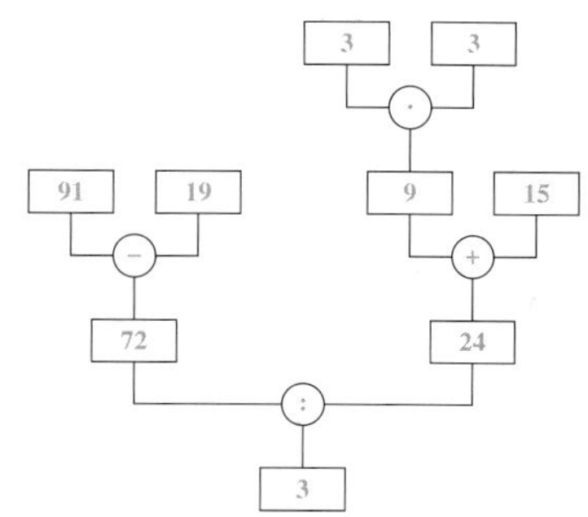

z. B.

Masse

▶ Grundwissen

Einheiten	Umrechnung	Beispiel
Tonne (t)	1 t = 1 000 kg	Pkw; ca. 25 Schüler der Klasse
Kilogramm (kg)	1 kg = 1 000 g	z. B. Tüte Zucker bzw. Mehl
Gramm (g)	1 g = 1 000 mg	z. B. 1 Cent-Münze
Milligramm (mg)		■ Dieses Quadrat aus Papier

▶ Auftrag: Ergänze die Größenangaben.

Trainieren

1 In welcher Einheit ist es jeweils sinnvoll, die Masse (Gewicht) der Tiere anzugeben?

a) Katze: Kilogramm   b) Hund: Kilogramm

c) Hamster: Gramm   d) Elefant: Tonne

e) Mücke: Milligramm   f) Maus: Gramm

2 Wandle jeweils in die gegebene Einheit um.

a) 8 t = 8 000 kg   b) 50 g = 50 000 mg   c) 78 kg = 78 000 g

d) 300 kg = 300 000 g   e) 7 000 t = 7 000 000 kg   f) 25 000 mg = 25 g

g) 300 000 g = 300 kg   h) 7 000 mg = 7 g   i) 400 000 000 mg = 400 kg

3 Berechne.

a) 2 t + 300 kg = 2,300 t   b) 75 kg + 250 g = 75,250 kg   c) 7 g − 800 mg = 6 200 g

d) 8 kg + 50 g = 8,050 kg   e) 80 g − 20 mg = 79,980 g   f) 1 t + 7 kg = 1,007 t

g) 8 t − 560 kg = 7 440 kg   h) 78 g + 50 mg = 78 050 mg   i) 100 kg + 23 g = 100,023 g kg

4 Gib das Ergebnis jeweils in zwei Einheiten an.

a) 120 kg + 800 g = 120,8 kg = 120 800 g   b) 77 t − 500 kg = 76,500 t = 76 500 kg

c) 1,5 kg − 250 g = 1,250 kg = 1 250 g   d) 80 g + 75 mg = 80,075 g = 80 075 mg

5 Ordne die Massen nach der Größe.
Beginne mit dem kleinsten Wert.

a) 7 kg; 107 kg; 0,7 kg; 17 kg; 7 100 g
0,7 kg < 7 kg < 7100 g < 17 kg < 7100 g

b) 333 g; 33,033 mg; 3,033 g; 30,033 g
3,033 g < 30,033 g < 30,003 mg < 333 g

c) 54 540 kg; 45 450 kg; 45,540 t; 54,054 t
45 450 kg < 45,540 t < 54,054 t < 54 540 kg

Vertiefen

6 Begründe, warum nur eine der beiden Zeichnungen nicht richtig ist.

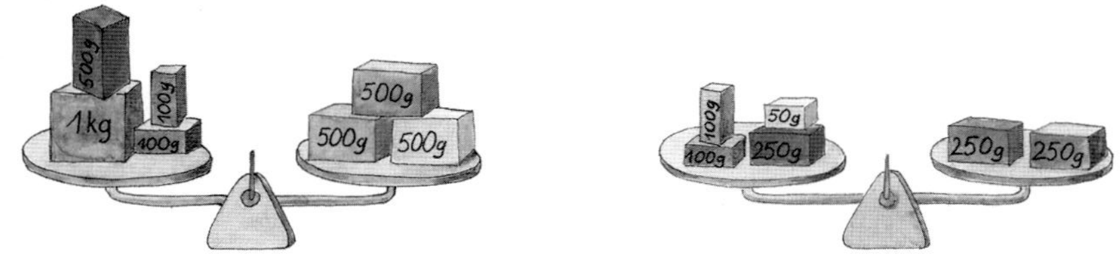

linke Seite: 1700 g   rechte Seite: 1500 g   linke Seite: 500 g   rechte Seite: 500 g

Die erste Waage kann nicht im Gleichgewicht sein. Die zweite Waage ist im Gleichgewicht.

7 Die Masse eines Körpers wird durch den Vergleich mit Standardmassen bestimmt. Diese nennt man Wägstücke.

a) Gib jeweils an, welche der abgebildeten Wägstücke auf die rechte Seite der Waage zu legen sind, damit die Waage im Gleichgewicht ist.

rechte Seite: 0,1 kg; 0,5 kg; 1000 g   rechte Seite: 50 g; 0,1 kg; 250 g; 0,5 kg

b) Ermittle die größte Masse, die mit den abgebildeten Wägstücken gemessen werde kann.

1000 g + 0,5 kg + 250 g + 0,1 kg + 50 g = 1900 g = 1,9 kg

1,9 kg ist die größte Masse, die mit den abgebildeten Wägstücken gemessen werde kann.

c) Könnte man alle abgebildeten Wägstücke so auf der Waage verteilen, dass diese im Gleichgewicht ist? Zusätzliche Hilfsmittel stehen dabei nicht zur Verfügung.

1900 : 2 = 950 g   1000 g > 950 g

Nein, da dass 1000-g-Stück zu verwenden ist, gibt es keine Möglichkeit, 950 g auf jede Seite zu legen.

d) Ein Gegenstand soll 700 g schwer sein.
Gib drei Möglichkeiten an, dies mit den abgebildeten Wägstücken zu überprüfen.

	linke Seite	rechte Seite
Möglichkeit A	700 g ; 250 g; 50 g	1000 g
Möglichkeit B	700 g ; 50 g	0,5 kg; 250 g
Möglichkeit B	700 g ; 250 g; 0,1 kg	1000 g; 50 g

8 Ein 1 km langer Faden eines Seidenspinners wiegt rund 130 mg. Wie schwer sind folgende Seidenfäden?

a) Ein 200 m langer Faden wiegt 26 mg.   b) Ein 10 km langer Faden wiegt 1,3 g.

Länge

▶ Grundwissen

Einheiten	Umrechnung
Kilometer (km)	1 km = 1 000 m = 10 000 dm = 100 000 cm = 1 000 000 mm
Meter (m)	1 m = 10 dm = 100 cm = 1000 mm
Dezimeter (dm)	1 dm = 10 cm = 100 mm
Zentimeter (cm)	1 cm = 10 mm
Millimeter (mm)	

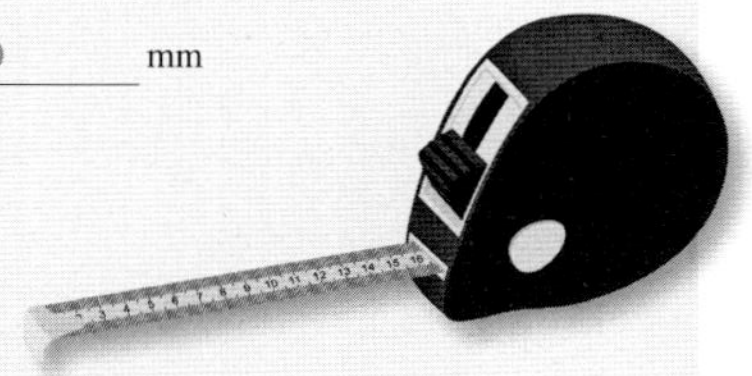

Beim Umrechnen von Längeneinheiten in eine kleinere Einheit wird der Zahlenwert größer.

▶ Auftrag: Ergänze die Größenangaben und den Satz.

Trainieren

1 Wandle in die nächstkleinere Einheit um.

a) 6 cm = 60 mm   b) 12 m = 120 dm   c) 4 dm = 40 cm
d) 27 km = 27 000 m   e) 120 cm = 1 200 mm   f) 370 dm = 3 700 cm

2 Wandle in die nächstgrößere Einheit um.

a) 40 mm = 4 cm   b) 80 dm = 8 m   c) 12 000 dm = 1 200 m
d) 600 cm = 60 dm   e) 40 000 m = 40 km   f) 1 700 mm = 170 cm

3 Ergänze jeweils den fehlenden Zahlenwert oder die Einheit.

a) 23 000 cm = 230 m   b) 7 800 m = 780 000 cm   c) 4 000 km = 4 000 000 m
d) 45 000 mm = 45 m   e) 2 400 cm = 24 000 mm   f) 3 700 cm = 370 dm
g) 900 m = 90 000 cm   h) 1 200 cm = 12 000 mm   i) 7 600 cm = 76 m
j) 9 km 37 m = 9 037 m   k) 10 km 100 m = 10 100 m   l) 1,5 m = 150 cm

4 Ordne nach der Größe. Beginne mit der kleinsten Länge.

a) 485 mm; 32 cm; 2 m; 1 100 mm; 8 cm; 91 mm; 310 cm

8 cm < 91 mm < 32 cm < 485 mm < 1 100 mm < 2 m < 310 cm

b) 2,5 km; 2 050 m; 25 km; 2,025 km; 2 005 m; 0,25 km; 20 500 m

0,25 km < 2 005 m < 2,025 km < 2 050 m < 2,5 km < 20 500 m

5 Berechne.

a) 4 km + 75 m = 4 075 m   b) 456 cm − 6 dm = 396 cm   c) 12 dm − 230 mm = 97 cm

Vertiefen

6 Ordne jedem Gegenstand eine der folgenden Größenangaben zu.

28 mm | 38 mm | 90 cm | 150 mm | 210 mm | 18 m | 320 m | 15 mm | 21 dm

a) Breite einer Tür: 90 cm   b) Höhe einer Tür: 21 dm
c) Länge einer Tintenpatrone: 38 mm   d) Dicke eines Buches: 28 mm
e) Länge eines Güterzuges: 320 m   f) Länge eines Lkws: 18 m
g) Breite eines Daumens: 15 mm   h) Breite einer DIN-A4-Seite: 210 mm

7 Nenne jeweils drei Gegenstände, die etwa die angegebene Länge haben.
Hinweis: Miss, wenn möglich, zur Kontrolle nach. individuelle Lösung

a) 5 cm ① ____ ② ____ ③ ____
b) 1,5 dm ① ____ ② ____ ③ ____
c) 2 m ① ____ ② ____ ③ ____
d) 5 mm ① ____ ② ____ ③ ____

8 Schätze zuerst, welche die kürzeste Verbindung der Punkte entlang der schwarzen Linie vom Anfang *A* zum Ziel *Z* ist. Ermittle danach die Länge der Verbindung.

Längen der Teilstrecken:

Abstand zwischen *A* und *B*: 3,5 cm = 35 mm

Abstand zwischen *B* und *H*: 1,8 cm = 18 mm

Abstand zwischen *H* und *E*: 4,9 cm = 49 mm

Länge der Verbindung:

35 mm + 18 mm + 49 mm = 102 mm = 10,2 cm = 1,02 dm

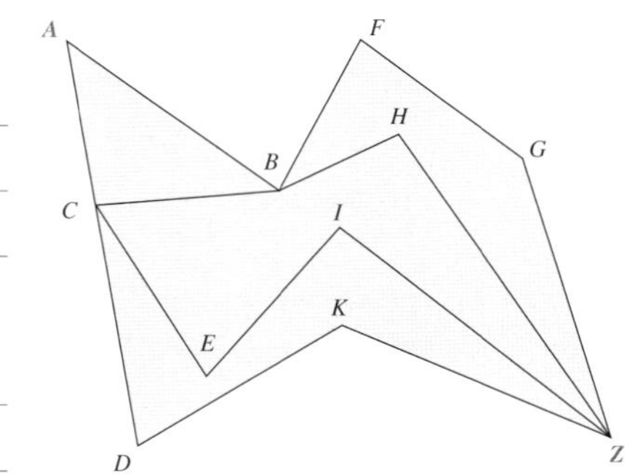

9 Wenn das Vorderrad von Michaels Fahrrad eine vollständige Umdrehung gemacht hat, ist Michael 2 m und 8 cm gefahren. Während der Fahrt von der Schule nach Hause hat sich das Vorderrad von Michael 951-mal gedreht.
Berechne, wie lang der Schulweg ist. individuelle Lösung
Zusatzaufgabe: Schätze, wie lang dein Schulweg ist.

2 m · 1000 = 2000 m
= 2 km

(208 cm · 951) = 197 808 cm
≈ 1,98 km

197 808 cm = 19 780,8 dm = 1 978,08 m = 1,97808 km

Der Schulweg ist etwa 2 km lang.

Zeit

▶ Grundwissen

Einheiten	Umrechnung			
Tag (d)	1 d	= 24 h	= 1 440	min
Stunde (h)	1 h	= 60 min	= 3 600	s
Minute (min)	1 min	= 60 s	= 60 000	ms
Sekunde (s)	1 s			

Ein Jahr hat 12 Monate. Ein Monat hat 28 bis 31 Tage. Jede Woche hat 7 Tage.

Jedes Jahr hat 365 Tage, lediglich Schaltjahre alle 4 Jahre haben 366 Tage.

▶ Auftrag: Ergänze die Größenangaben.

Trainieren

1 Ordne jeder Tätigkeit die passende Zeitdauer zu.

52 Wochen | 2 s | 14 d | 4 min | 15 min | 1 h | 70 min

z. B.
a) 4 km wandern: 1 h   b) CD abspielen: 70 min   c) Datum aufschreiben: 2 s
d) Zähne putzen: 4 min   e) Osterferien: 14 d   f) Jahr: 52 Wochen

2 Wandle in die nächstkleinere Einheit um.

a) 12 h = 720 min   b) 5 min = 300 s   c) 3 d = 72 h
d) 4 Wochen = 28 d   e) 8 h = 480 min   f) 6 Wochen = 42 d
g) 15 min = 900 s   h) 10 d = 240 h   i) 600 s = 10 min

3 Wandle in die nächstgrößere Einheit um.

a) 30 min = 0,5 h   b) 96 h = 4 d   c) 28 d = 4 Wochen
d) 480 s = 8 min   e) 120 min = 2 h   f) 900 min = 15 h
g) 120 h = 5 d   h) 90 s = 1,5 min   i) 264 h = 11 Tage

4 Gib die Zeitspannen in den gegebenen Einheiten an.

a) Vom 3. Mai um 12:00 Uhr bis zum 3. Mai um 17:00 Uhr sind es 5 h.
b) Vom 2. Mai um 12:00 Uhr bis zum 3. Mai um 17:00 Uhr sind es 29 h.
c) Vom 3. Mai um 15:00 Uhr bis zum 15. Mai um 21:00 Uhr sind es 12 d 6 h.
d) Vom 3. Mai um 12:13 Uhr bis zum 5. Mai um 17:24 Uhr sind es 2 d 311 min.
e) Vom 3. Mai um 12:44 Uhr bis zum 5. Mai um 12:56 Uhr sind es 48 h 12 min.

Vertiefen

5 Der erste Bus fährt um 5:10 Uhr vom Bahnhof zur Vorstadt. Er wartet dort zwei Minuten und fährt dann die selbe Strecke zum Bahnhof zurück. Die Busse fahren im Abstand von 30 min. Vervollständige den Fahrplan für die Buslinie vom Bahnhof zur Vorstadt und zurück.

Bahnhof – 1 min – Goethestraße – 2 min – Rathaus – 2 min – Stadtpark – 1 min – Rosenstraße – 6 min – Vorstadt

5:10	5:40	6:10	↓	Bahnhof	↑	5:36	6:06	6:36
5:11	5:41	6:11	↓	Goethestraße	↑	5:35	6:05	6:35
5:13	5:43	6:13	↓	Rathaus	↑	5:33	6:03	6:33
5:15	5:45	6:15	↓	Stadtpark	↑	5:31	6:01	6:31
5:16	5:46	6:16	↓	Rosenstraße	↑	5:30	6:00	6:30
5:22	5:52	6:22	↓	Vorstadt	↑	5:24	5:54	6:24

6 Damit die Reparaturarbeiten an der Bahnlinie 5 schneller gehen, wird ab dem 25. Juli bis zum 4. August jeweils in den Nächten von Montag auf Dienstag ab 23:00 Uhr bis 4:45 Uhr ein eingleisiger Bahnverkehr eingerichtet. Gib die Zeitdauer an, in der der Stellwerksleiter mit Verzögerungen im Verkehr rechnet. Schreibe unterschiedliche Antworten auf.

Die Frage lässt mehrere richtige Antworten zu.

- Von 23:00 Uhr bis 4:45 Uhr sind es jeweils 5 h + 45 min (345 min).
- Vom 25. Juli bis zum 4. August sind es 10 Nächte.
- Insgesamt: 10 · 345 min = 3 450 min   3 450 min : 60 = 57,5 h   57,5 h = 57 h + 30 min = 2 d + 9 h + 30 min

7 Warten fällt auch bei Sonnenschein schwer.
Ergänze die Zeitpunkte sowie die Zeitspannen und schreibe eine kurze Geschichte auf.

12:15 Uhr   13:30 Uhr   14:20 Uhr   15:05 Uhr

75 min   50 min   45 min

z. B.
Der Mann hat von 12:15 Uhr bis 15:05 Uhr auf die Frau gewartet. Das sind 170 min (2 h + 50 min).

Die Blume …

Umfang eines Rechtecks

▶ Grundwissen

Der Umfang eines Vielecks ist die Summe der Längen aller Seiten des Vielecks.

Beispiele: Rechteck

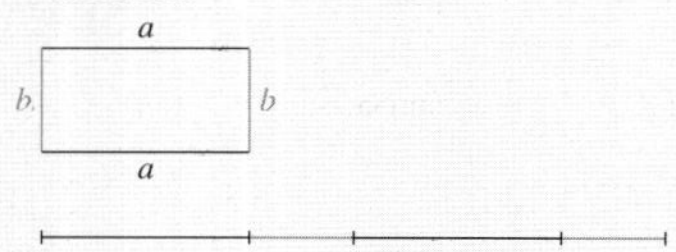

$u = 2 \cdot a + 2 \cdot b = 2 \cdot (a + b)$

$u =$ 6 cm

Vieleck

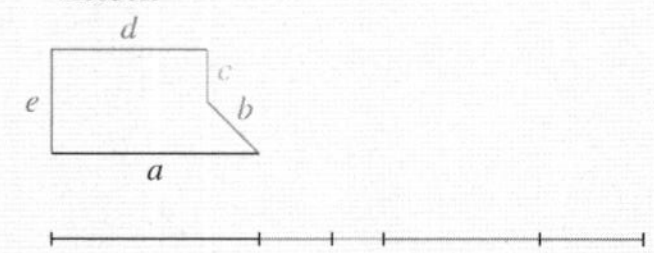

$u = a + b + c + d + e$

$u =$ 5,7 cm

▶ Auftrag: Gib den Umfang u an.

Trainieren

1 Ermittle die Umfänge. Miss dafür die benötigten Seitenlängen.

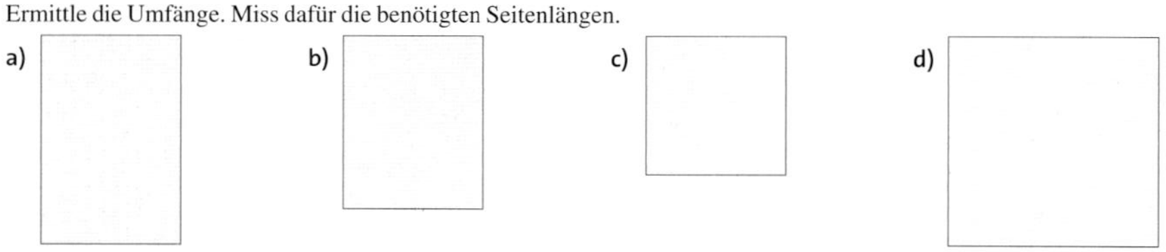

a) 10 cm b) 9 cm c) 8 cm d) 12 cm

2 Ordne jeder Figur einen der folgenden gerundeten Umfänge zu. 8 cm 10 cm 12 cm

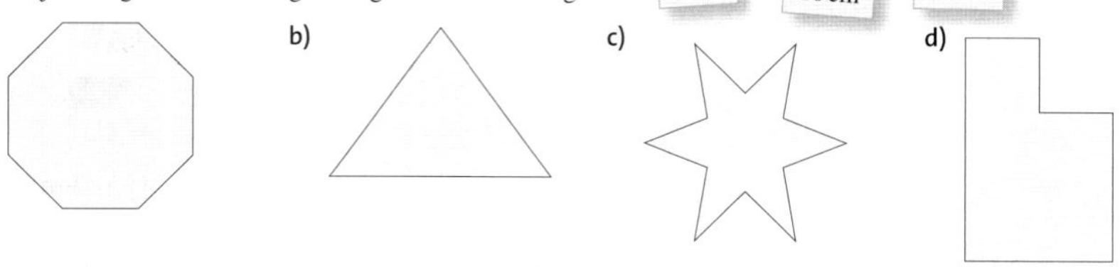

a) 8 cm b) 8 cm c) 12 cm d) 10 cm

3 Es sind die Seitenlängen a und b von Rechtecken gegeben.

a) Welche der Rechtecke haben den gleichen Umfang?

Rechteck ①: $a = 20$ cm; $b = 8$ cm; $u =$ 56 cm

Rechteck ②: $a = 8$ cm; $b = 25$ mm; $u =$ 21 cm

Rechteck ③: $a = 4$ cm; $b = 6$ dm; $u =$ 128 cm

Rechteck ④: $a = 1{,}5$ cm; $b = 9$ cm; $u =$ 21 cm

Rechteck ⑤: $a = 32$ cm; $b = 32$ cm; $u =$ 128 cm

Rechteck ⑥: $a = 2{,}5$ cm; $b = 9$ cm; $u =$ 23 cm

Den gleichen Umfang haben einerseits Rechteck ② und ④ sowie andererseits Rechteck ③ und ⑤.

b) Gib drei Beispiele für Seitenlängen von Rechtecken mit einem Umfang von 16 m an.
z. B.
$a = 4$ m und $b = 4$ m; $a = 3$ m und $b = 5$ m; $a = 2$ m und $b = 6$ m; $a = 1$ m und $b = 7$ m; $a = 2{,}5$ m und $b = 5{,}5$ m

Vertiefen

4 Ein 40 m langes rechteckiges Grundstück soll mit einem Holzzaun eingezäunt werden. Die Handwerker benötigen insgesamt 117 m Holzzaun, wobei die drei Meter lange Einfahrt frei bleibt. Ermittle, wie breit das Grundstück ist.

Umfang des Grundstücks: 117 m + 3 m = 120 m

Breite: (120 m − 2 · 40 m) : 2 = 20 m

Das Grundstück ist 20 m breit

5 Seitenumfang des Arbeitsheftes

a) Ermittle den Umfang einer Seite dieses Arbeitsheftes. Runde sinnvoll.

21 cm + 29,7 cm + 21 cm + 29,7 cm = 101,4 cm = 10,14 dm = 1,014 m

b) Ermittle den Umfang einer Doppelseite dieses Arbeitsheftes.
Gib diesen in drei Einheiten an.

42 cm + 29,7 cm + 42 cm + 29,7 cm = 143,4 cm = 14,34 dm = 1,434 m

c) Nina sagt: „Das ganze Arbeitsheft hat einen Umfang von rund 60 Seiten."
Was meint sie damit?

Das Wort Umfang kann in der Umgangssprache unterschiedlich verstanden werden.

Sie meint die Anzahl der Seiten im Arbeitsheft.

6 Eine Gruppe rennt beim 2 000-m-Lauf jeweils auf dem Weg um das abgebildete rechteckige Schulgelände.
Ermittle, wie viele Runden zu laufen sind.
Zusatzaufgabe: Schätze, wie lange die Gruppe läuft. ca. 10 bis 20 min.

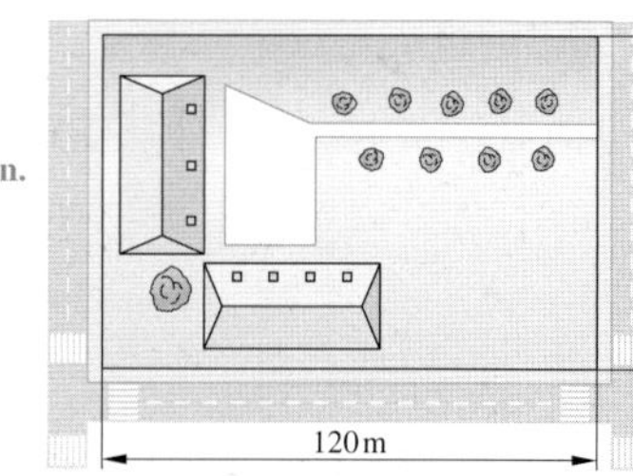

Umfang des Geländes: 80 m + 120 m + 80 m + 120 m = 400 m

Runden: 2000 m : 400 m = 5

5 Runden sind zu laufen.

7 Ein rechteckiges Grundstück besitzt einen Umfang von 114 m. Die Straßenfront ist 25 m lang.

a) Berechne, wie weit das Grundstück nach hinten reicht.

(114 m − 2 · 25 m) : 2 = 32 m

32 m reicht das Grundstück nach hinten.

b) Im Abstand von 1 m zu allen Grundstücksgrenzen soll eine Lebensbaum-Hecke gepflanzt werden.
Somit ist alle 50 cm ein Lebensbaum zu setzen. Am Tor an der Straßenfront werden 5 m ohne Hecke sein.
Begründe rechnerisch, ob 200 Lebensbäume ausreichen.

30 m + 23 m + 30m + (23 m − 5 m) = 101 m   101 m = 10100 cm   10100 cm : 50 cm = 202

200 reichen dafür eigentlich nicht. (Wenn genau alle 50 cm gepflanzt wird, benötigt man 203 Lebensbäume.

Wird im Abstand von 50,50 cm gepflanzt, reichen 200 Lebensbäume – man wird es der Hecke nicht ansehen.)

Schlussrechnung

▶ Grundwissen

Wenn dem Doppelten, Dreifachen, … einer Größe das Doppelte, Dreifache einer anderen Größe entspricht, kannst du aus drei Angaben auf einen vierten Wert schließen.

Beispiele:

Direkt auf den Wert schließen:

Anzahl der Brötchen	Preis in Euro
12	4,80
24	9,60

(·2 links und rechts)

Zunächst auf eine Einheit schließen:

Anzahl der Brötchen	Preis in Euro
12	4,80
1	0,40
7	2,80

(:12, dann ·7 links und rechts)

▶ Auftrag: Ergänze die Beispiele.

Trainieren

1 Berechne im Kopf.

a) Eine Energiesparlampe kostet 4,99 €. Wie viel kosten 5, 10, 15 Lampen?

5 Lampen kosten 24,95 €, 10 Lampen 49,90 € und 45 Lampen 74,85 €.

b) 5 Dosen Büchsenmilch kosten 3,20 €. Wie viel kosten 10, 15, 30 Dosen?

10 Dosen kosten 6,40 €, 15 Dosen 9,60 € und 30 Dosen 19,20 €.

c) Ein Auto verbraucht auf einer Strecke von 100 km 6,5 l Benzin. Wie viel Liter verbraucht es auf 200, 400, 1 200 km?

Das Auto verbraucht auf 200 km 13 l Benzin, auf 400 km 26 l und auf 1 200 km 78 l.

2 Ergänze die Tabellen.

a)

Menge in l	Preis in €
3	3,63
1	1,21
8	9,68

b)

Zeit in h	Gebühr in €
3	1,50
1	0,50
7	3,50

c)

Anzahl	Masse in kg
8	9,6
1	1,2
6	7,2

3 Entscheide, ob du mithilfe der Schlussrechnung auf das Ergebnis schließen kannst. Begründe deine Antwort.

a) Maria schwimmt eine 100 m lange Strecke in 90 s. Wie viele Sekunden benötigt sie für die doppelte Strecke?

Wenn Maria nicht langsamer wird, würde sie 180 s benötigen; andernfalls braucht sie länger.

b) Elias benötigt für den Aufsatz 30 Minuten. Wie lange benötigen Elias, Leon, Jonas und Ben zusammen?

Jeder Schüler benötigt für seinen Aufsatz seine eigene Zeit. Die Schlussrechnung kann nicht angewendet werden.

Vertiefen

4 Wende die Schlussrechnung an.

a) Der Nachhilfeunterricht in Englisch bei Frau Huber kostet 30,00 € für 90 Minuten.
Berechne, wie viel eine Dreiviertelstunde kostet, wie viel eine ganze Stunde.

Anzahl der Minuten	Preis in €
90	30,00
45	15,00
15	5,00
60	20,00

Eine Dreiviertelstunde Nachhilfeunterricht kostet 15,00 €, eine ganze Stunde 20,00 €.

b) Sara, Lena, Emilie, Lara und Johanna wollen mit einem 5-Personen-Ticket für 14,50 € fahren.
Sara soll den Betrag für Lena und Emilie auslegen und für sich selbst bezahlen. Johanna übernimmt den Rest.
Ermittle, wie viel Sara zahlt und wie viel Johanna.

Anzahl der Personen	Preis in €
5	14,50
1	2,90
3	8,70

Sara zahlt 8,70 €. Johanna zahlt 5,80 € (= 2 · 2,90 €).

c) Aus 20 Liter Milch lässt sich rund 1 kg Butter herstellen.
Ermittle, wie viel Liter Milch für ein Stück Butter (250 g) benötigt werden.

Butter in g	Milch in l
1000	20
250	5

Ein Stück Butter entsteht aus rund 5 l Milch.

5 Der Boden eines Raumes wurde mit 80 Mosaikteilen, die 0,16 m² groß sind, gefliest.

a) Ermittle, wie viele 20 cm² große Mosaikteile man dafür mindestens benötigt hätte.

Flächeninhalt in cm²	Anzahl der Platten
1 600	80
100	1 280
20	6 400

Mindestens 6 400 derartige Mosaikteile hätte man dafür benötigt.

b) Gib eine mögliche Länge und Breite des Raums in Meter an.
z. B.
Der Raum ist 12,80 m² groß. Er könnte 4 m lang und 3,2 m breit sein.

6 Mit einem Zug wird bei einer Durchschnittsgeschwindigkeit von 100 km pro Stunde ein Ziel nach 24 h erreicht.

a) Wie lange würde es dauern, bis ein Flugzeug mit einer Durchschnittsgeschwindigkeit von 900 km pro Stunde einen gleich langen Weg zurück gelegt hat?

Geschwindigkeit in $\frac{km}{h}$	Zeit in h
100	24
1	2 400
900	$2\frac{2}{3}$

Das Flugzeug benötigt 2 h 40 min.

b) Lukas sagt: „Das Flugziel liegt vermutlich nicht in Deutschland.“ Hat er recht? Begründe deine Meinung.

2 400 km können bei einer relativ geradlinigen Flugroute über Deutschland nicht zurückgelegt werden.

c) Ein Flugzeug überfliegt mit 900 km pro Stunde die Zugspitze.
Wie weit entfernt von der Zugspitze liegen alle Orte, die bei gleich bleibender Geschwindigkeit in den folgenden 20 Minuten direkt überflogen werden könnten?

z. B.
20 min = $\frac{1}{3}$ h $\frac{1}{3}$ von 900 km sind 300 km.

Die Orte liegen bis zu 300 km von der Zugspitze entfernt.

Maßstab

▶ Grundwissen

Der Maßstab ist das Verhältnis (der Quotient) der Länge einer beliebigen Strecke im Bild zur entsprechenden Länge der Strecke im Original.

Beispiel: Im rechten Bild des Maikäfers entspricht jeder 1 cm langen Strecke

eine 2 cm lange Stecke im linken Original.

Der Maßstab ist 1 : 2 .

▶ Auftrag: Gib den Maßstab an.

Trainieren

1 Gib die zugehörigen Maßstäbe an und ermittle, wie lang eine 2 km lange Originalstrecke auf einer Karte wäre.

a) 0 250 500 750 1000 1250 1500 m

Maßstab: 1 : 25 000 2 km entsprechen 8 cm auf der Karte.

b) 0 1 2 3 4 5 6 km

Maßstab: 1 : 100 000 2 km entsprechen 2 cm auf der Karte.

c) 0 10 20 30 40 50 60 km

Maßstab: 1 : 1 000 000 2 km entsprechen 0,2 cm auf der Karte.

d) 0 5 10 15 km

Maßstab: 1 : 250 000 2 km entsprechen 0,8 cm auf der Karte.

2 Ergänze die Tabellen.

a) Maßstäbliche Verkleinerungen

Maßstab	1 : 25	1 : 300	1 : 5	1 : 150
Länge im Bild	2 mm	3 cm	5 mm	2 dm
Länge im Original	50 mm	900 cm	2,5 cm	300 dm

b) Maßstäbliche Vergrößerungen

Maßstab	5 : 1	10 : 1	20 : 1	40 : 1
Länge im Bild	2 mm	3 cm	500 m	112 dm
Länge im Original	0,4 mm	0,3 cm	25 m	2,8 dm

3 Euer derzeitiger Unterrichtsraum soll umgestaltet werden. Dazu muss ein maßstabsgetreuer Grundriss auf einem DIN-A4-Blatt angefertigt werden. Welchen Maßstab würdest du empfehlen?
Zusatzaufgabe: Vergleicht die Vorschläge untereinander.

individuelle Lösung (z. B.: 1 : 50)

Vertiefen

4 Der Airbus A380 ist der Rekordhalter im Passagiertransport und das zweitgrößte Flugzeug der Welt.
Die Antonow AN-225 ist 11 Meter länger und auch bei der Flügelspannweite übertrifft sie den Airbus um acht Meter.

Daten zum Airbus A380

Länge:	72,30 m
Flügelspannweite:	79,80 m
Höhe:	24,10 m
Maximale Passagierkapazität:	853

a) Das Foto zeigt ein Modell des Airbus A380 mit rund 30 cm Flügelspannweite.
Jeweils eine der Angaben ist richtig. Kreuze diese an.

Maßstab des Modells: ☐ 1 : 25 ☒ 1 : 250 ☐ 1 : 2500 ☐ 25 : 1 ☐ 250 : 1 ☐ 2500 : 1

Höhe des Modells: ☐ ca. 0,1 km ☐ ca. 0,1 cm ☐ ca. 0,1 dm ☐ ca 1 m ☒ ca. 10 cm ☐ ca. 1000 mm

b) Stell dir vor, ein Original Airbus A380 und eine Antonow AN-225 sollen mit möglichst geringem Rechenaufwand groß und von oben gesehen auf jeweils ein DIN-A4-Blatt gezeichnet werden.
Welcher Maßstab ist dafür geeignet?
Wie lang und breit werden die entsprechenden Bilder der Flugzeuge etwas?

z. B.
Maßstab: 1 : 400

Airbus A380: Länge des Bildes: etwas 18 cm (18,075 cm) Breite des Bildes: etwas 20 cm (19,95 cm)

Antonow AN-225: Länge des Bildes: etwas 21 cm (20,825 cm) Breite des Bildes: etwas 22 cm (21,95 cm)

c) Reichen die Plätze im Airbus A380 für einen gemeinsamen Flug aller Schülerinnen und Schüler eurer Schule aus?
Begründe deine Antwort.

individuelle Lösung

5 Die Karte zeigt einen Ausschnitt aus einem Stadtplan von Nürnberg im Maßstab 1 : 20 000.
Ermittle, wie lang eine Umrundung der Altstadt zu Fuß dauern würde, wenn du 4 km pro Stunde zurücklegst.

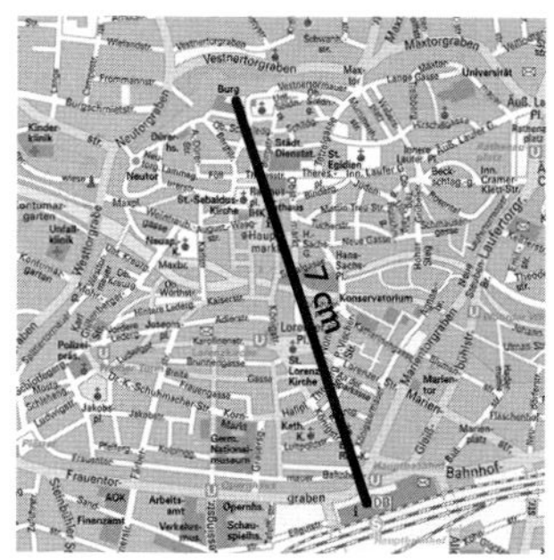

ca. 30 cm entsprechen 6 km. Die Umrundung dauert etwa 1,5 Stunden.

Grundprinzip der Flächenmessung

▶ Grundwissen

Die Größen verschiedener Flächen kann man vergleichen, indem man sie mit gleichen Flächen unterteilt.
Solche Flächen können z. B. sein:

DIN-A4-Blätter, gleich große Notizzettel,

Kästchen im Heft, gleich große Hefte, …

▶ Auftrag: Nenne drei mögliche Objekte zum Unterteilen von Flächen.

Trainieren

1 Umrande Figuren, deren Flächen gleich groß sind, mit der gleichen Farbe.

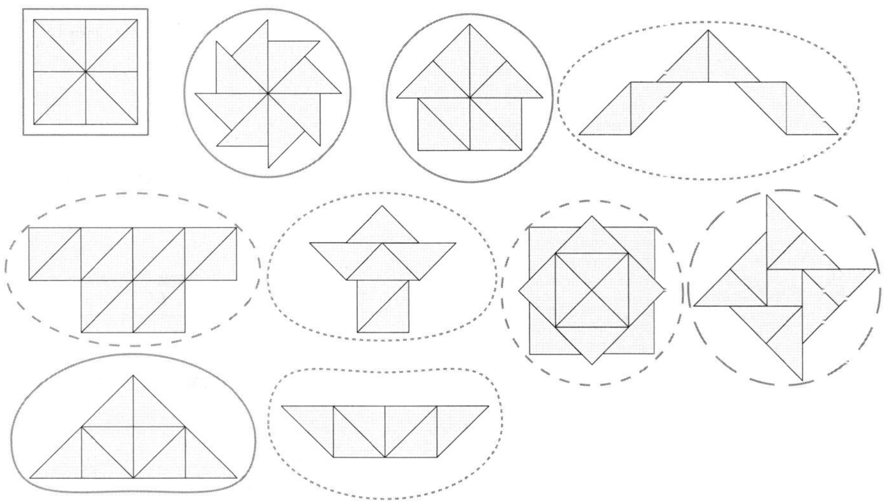

2 Zeichne rechts ein Rechteck, dessen Fläche genauso groß ist wie die der Fläche links.

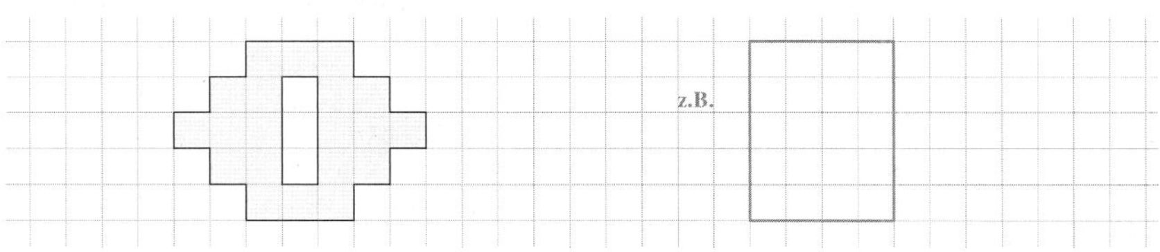

3 Ordne nach der Größe. Beginne mit der kleinsten Fläche.

Schulhof | Tür | Fußboden der Turnhalle | Bodenfläche des Klassenzimmers | Lehrertisch

z. B.
Lehrertisch; Tür; Bodenfläche des Klassenzimmers; Fußboden der Turnhalle; Schulhof

Vertiefen

4 Ermittle, wie viele Quadrate an den hellen Stellen noch einzuzeichnen sind. Welche der Stellen ist am größten?

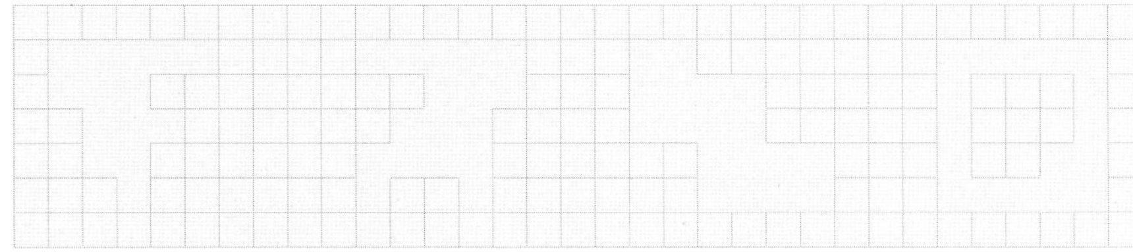

14 Quadrate | 17 Quadrate | 18 Quadrate | 17 Quadrate

Die dritte Stelle ist am größten.

5 Zerlege die Figur zuerst in zwei, danach in drei und zuletzt in vier deckungsgleiche Teilfiguren (d. h. in Figuren mit gleicher Form und gleicher Größe).

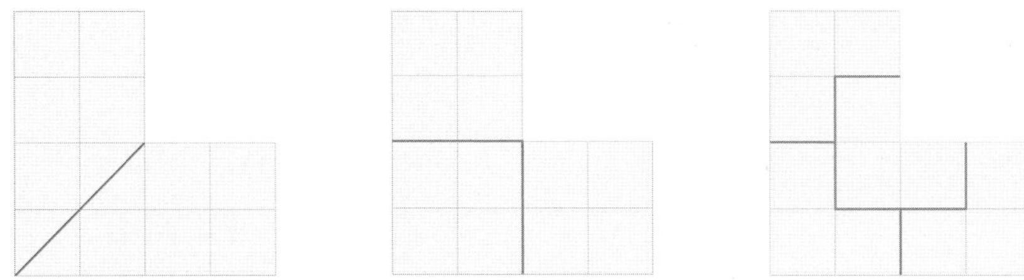

zwei deckungsgleiche Teilfiguren | drei deckungsgleiche Teilfiguren | vier deckungsgleiche Teilfiguren

6 Die Figuren unten wurden aus den Teilen eines chinesischen Tangrams gelegt.
Ein Tangram ist einfach herzustellen.
Übertrage dazu die rechte Figur auf Karopapier.
Schneide die Teilflächen aus. Lege die Figuren.
Notiere deine Lösung, indem du entsprechende Linien in die abgebildeten Figuren einzeichnest.

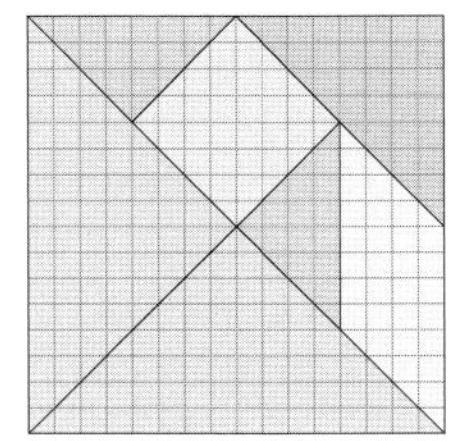

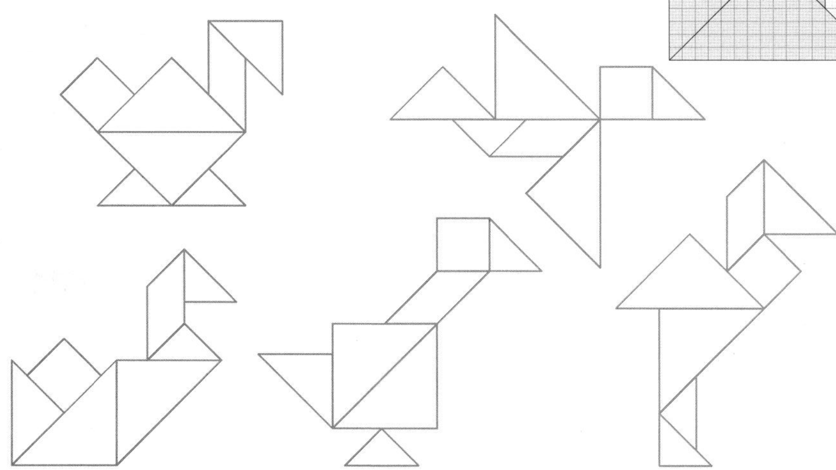

Flächeneinheiten

▶ Grundwissen

Einheiten	Umrechnung							
Quadratkilometer (km^2)	1 km^2	= 100	ha	= 10 000	a	= 1 000 000	m^2
Hektar (ha)	1 ha	= 100	a	= 10 000	m^2	= 1 000 000	dm^2
Ar (a)	1 a	= 100	m^2	= 10 000	dm^2	= 1 000 000	cm^2
Quadratmeter (m^2)	1 m^2	= 100	dm^2	= 10 000	cm^2	= 1 000 000	mm^2
Quadratdezimeter (dm^2)	1 dm^2	= 100	cm^2	= 10 000	mm^2		
Quadratzentimeter (cm^2) Quadratmillimeter (mm^2)	1 cm^2	= 100	mm^2				

1 cm^2 1 cm
1 cm

▶ Auftrag: Ergänze die Umrechnungen.

Trainieren

1 Ordne die Flächeninhalte der Größe. Beginne mit dem kleinsten Wert.

① Flächeninhalt von Bayern ② Flächeninhalt eines Handballfeldes ③ Flächeninhalt einer Briefmarke
④ Flächeninhalt einer Buchseite ⑤ Flächeninhalt eines Garagentores ⑥ Flächeninhalt eines Hafengeländes

③ < ④ < ⑤ < ② < ⑥ < ①

2 Kreuze eine passende Flächeneinheit an.

a) Nadelöhr: dm^2; cm^2; mm^2 ☐ ☐ ☒
b) Klassenraum: a; m^2; dm^2 ☐ ☒ ☐
c) Ackerland: km^2; ha; a ☐ ☒ ☐
d) Land: km^2; ha; a; m^2 ☒ ☐ ☐ ☐

3 Ordne die Flächeninhalte nach aufsteigender Größe.

a) 3 cm^2 b) 240 mm^2 c) 0,2 dm^2 d) 1 m^2 e) 202 dm^2

$240\ mm^2 = 2{,}4\ cm^2 < 3\ cm^2 = 0{,}03\ dm^2 < 0{,}2\ dm^2 < 100\ dm^2 = 1\ m^2 < 2{,}02\ m^2 = 202\ dm^2$

4 Rechne in die nächstkleinere Einheit um.

a) 12 cm^2 = 1 200 mm^2 b) 5 dm^2 = 500 cm^2 c) 3 m^2 = 300 dm^2
d) 0,4 m^2 = 40 dm^2 e) 8,7 ha = 870 a f) 0,6 km^2 = 60 ha
g) 1,8 m^2 = 180 dm^2 h) 0,9 a = 90 m^2 i) 1,6 cm^2 = 160 mm^2

5 Rechne in die nächstgrößere Einheit um.

a) 300 cm^2 = 3 dm^2 b) 8 900 mm^2 = 89 cm^2 c) 2 800 dm^2 = 28 m^2
d) 880 a = 8,80 ha e) 25 dm^2 = 0,25 m^2 f) 700 cm^2 = 7 dm^2
g) 104 dm^2 = 1,04 m^2 h) 87 ha = 0,87 km^2 i) 0,6 m^2 = 0,006 a
j) 335 m^2 = 3,35 a k) 1250 a = 12,5 ha l) 873 ha = 8,73 km^2

Vertiefen

6 Berechne.

a) $10\ m^2 - 400\ dm^2 = 600\ dm^2$ b) $1\ dm^2 - 30\ cm^2 = 70\ cm^2$ c) $600\ mm^2 + 4\ dm^2 = 406\ cm^2$
d) $3\ m^2 + 100\ cm^2 = 301\ dm^2$ e) $5\ m^2 - 10\,000\ cm^2 = 4\ m^2$ f) $2{,}1\ km^2 + 640\ a = 216{,}4\ ha$

7 Ergänze.

a) $24\ cm^2 : 6 = 400\ mm^2$ b) $\frac{1}{3}$ von $600\ mm^2 = 2\ cm^2$ c) $12\ dm^2 \cdot 100 = 12\ m^2$
d) $1\ m^2 : 8 = 1\,250\ cm^2$ e) $\frac{1}{4}$ von $1\ dm^2 = 25\ cm^2$ f) $3\ ha \cdot 320 = 9{,}6\ km^2$

8 Gib an mit welcher Zahl zu multiplizieren ist. Umrechnung von …

a) m^2 in dm^2: 100 b) m^2 in cm^2: 10 000 c) km^2 in ha: 100 d) dm^2 in mm^2: 10 000

9 Vergleiche.

a) $0{,}153\ a = 15{,}3\ m^2$ b) $0{,}375\ km^2 > 37\,500\ m^2$ c) $75\ mm^2 > 0{,}075\ cm^2$ d) $198\ cm^2 < 1{,}99\ dm^2$

10 Überprüfe und korrigiere, falls erforderlich.

a) $\frac{3}{4}\ km^2 < 75\ ha$ falsch: $\frac{3}{4}\ km^2 = 0{,}75\ km^2 = 75\ ha$ b) $57\ mm^2 = 0{,}57\ cm^2$ richtig
c) $\frac{12}{24}\ dm^2 > 50\ cm^2$ falsch: $\frac{12}{24}\ dm^2 = 0{,}5\ dm^2 = 50\ cm^2$ d) $4\frac{1}{4}\ m^2 = 425\ dm^2$ richtig

11 Fülle die Tabelle wie beim ersten Beispiel aus.

Ergänze die fehlenden Breiten für die Sportarten Basketball und Handball.

Gib die Größen der Flächen in zwei Einheiten an.

Sportart	Länge	Breite	Spielfeldgröße
Schach	48 cm	48 cm	$48\ cm \cdot 48\ cm = 2\,304\ cm^2 = 0{,}2304\ m^2$ z. B.
Tischtennis	2,74 m	1,525 m	$2{,}74\ m \cdot 1{,}525\ m = 4{,}1785\ m^2 = 417{,}85\ dm^2$
Squash	9,75 m	6,40 m	$9{,}75\ m \cdot 6{,}40\ m = 62{,}4\ m^2 = 0{,}624\ a$
Badminton	13,40 m	6,10 m	$13{,}40\ m \cdot 6{,}10\ m = 81{,}74\ m^2 = 8\,174\ dm^2$
Tennis	23,77 m	8,23 m	$23{,}77\ m \cdot 8{,}23\ m = 195{,}6271\ m^2 = 1{,}956271\ a$
Basketball	28 m	15 m	$420\ m^2$
Handball	40 m	20 m	$800\ m^2$
Fußball	45 m	90 m	$45\ m \cdot 90\ m = 4\,050\ m^2 = 0{,}405\ ha$

Berechnung von Flächeninhalten

▶ Grundwissen

Beispiele:

- Der Flächeninhalt eines Rechtecks wird berechnet, indem man die Länge des Rechtecks mit seiner Breite multipliziert.
  $A = a \cdot b$ — $A =$ 3 cm · 2 cm = 6 cm²

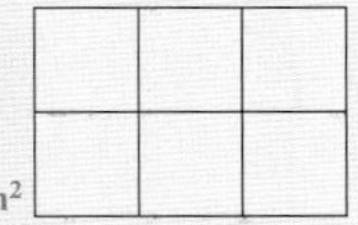

- Der Flächeninhalt eines Quadrats wird berechnet, indem man die Seitenlänge des Quadrats mit sich selbst multipliziert.
  $A = a \cdot a = a^2$ — $A =$ 2 cm · 2 cm = 4 cm²

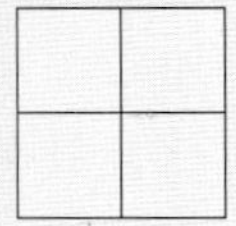

▶ Auftrag: Ergänze die Umrechnungen und die Rechnung.

Trainieren

1 Gib die Flächeninhalte in Quadratmillimetern an.

a) 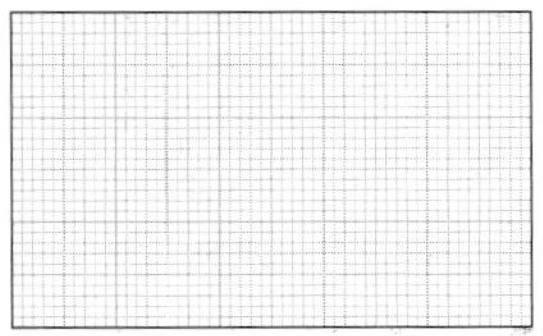

b) 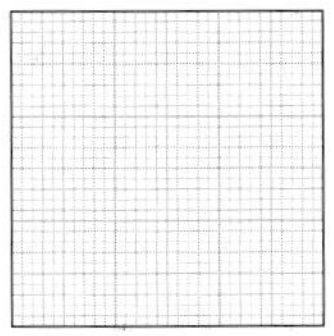

c) 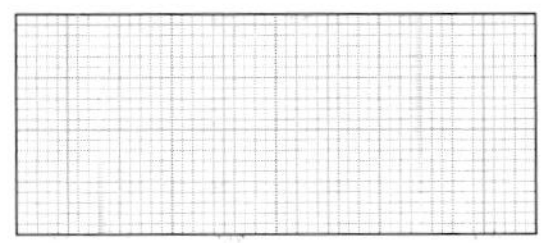

a) $A =$ 50 mm · 30 mm = 1 500 mm² b) $A =$ 30 mm · 30 mm = 900 mm² c) $A =$ 50 mm · 21 mm = 1050 mm²

2 Berechne den Flächeninhalt eines Rechtecks mit den Seitenlängen a und b.

a) $a = 3{,}5\,\text{m}$; $b = 2{,}5\,\text{m}$ — $A =$ 8,75 m²
b) $a = 1{,}5\,\text{cm}$; $b = 1{,}5\,\text{dm}$ — $A =$ 22,5 cm²
c) $a = 2{,}5\,\text{km}$; $b = 60\,\text{m}$ — $A =$ 150 000 m²
d) $a = 6{,}1\,\text{cm}$; $b = 12\,\text{mm}$ — $A =$ 73,2 mm²

3 Überprüfe und korrigiere, falls erforderlich.

a) $A = 0{,}75\,\text{m} \cdot 4\,\text{dm} = 3\,\text{dm}^2$ falsch: $A = 30\,\text{dm}^2$
b) $A = 57\,\text{mm} \cdot 2{,}5\,\text{cm} = 1{,}425\,\text{cm}^2$ richtig

4 Gib die Seitenlänge von vier verschiedenen Rechtecken an, die alle denselben Flächeninhalt 48 cm² besitzen.

z. B.: Länge 2 cm und Breite 24 cm; 16 cm und 3 cm; 1 cm und 48 cm; 4 cm und 12 cm; 4,8 cm und 10 cm …

5 Wahr oder falsch? Begründe.

Pia sagt: „Wenn ich in meinem Rechteck die Länge und die Breite jeweils verdoppele, erhalte ich den 4-fachen Flächeninhalt des Rechtecks ohne Verlängerung der Seiten."

Pia hat Recht. Das Rechteck mit den verlängerten Seiten besitzt den Flächeninhalt $2a \cdot 2b = 4a \cdot b = 4 \cdot A$.

Vertiefen

6 Hanna und Marie haben 8 m Drahtzaun und vier Pfosten, daraus wollen sie für ihr Meerschweinchen ein rechteckiges Gehege bauen. Beide haben bereits Lösungsmöglichkeiten gezeichnet.

a) Zeichne zuerst auf, wie du ein entsprechendes möglichst großes Gehege anlegen würdest.
Berechne danach die Größe aller drei Flächen für das Meerschweinchen.
Hinweis: 1 cm soll 1 m entsprechen.

Vorschlag 1:

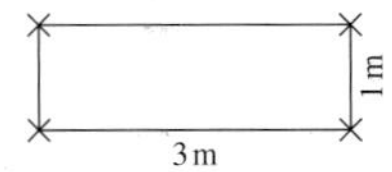

Die Fläche ist 3 m² groß.

Vorschlag 2:

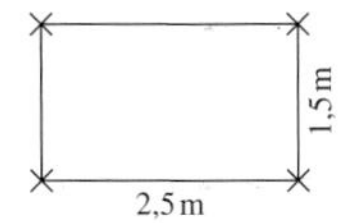

Die Fläche ist 3,75 m² groß.

Vorschlag 3:

z. B.

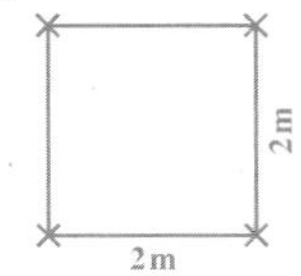

Die Fläche ist 4 m² groß.

b) Hanna kam auf die Idee, als eine Seite des Geheges die Garagenwand zu nutzen.
Zeichne zuerst auf, wie du ein entsprechendes möglichst großes Gehege anlegen würdest.
Berechne danach die Größe aller drei Flächen für das Meerschweinchen.
Hinweis: 1 cm soll 1 m entsprechen.

Vorschlag 1:

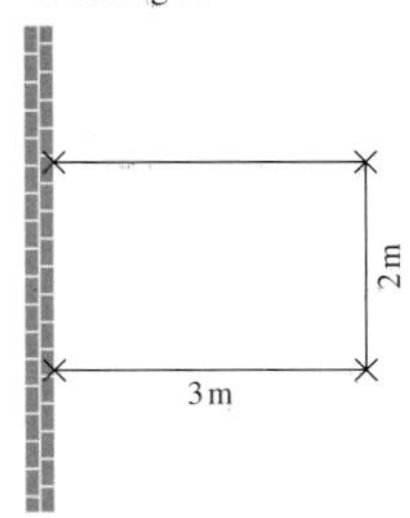

Die Fläche ist 6 m² groß.

Vorschlag 2:

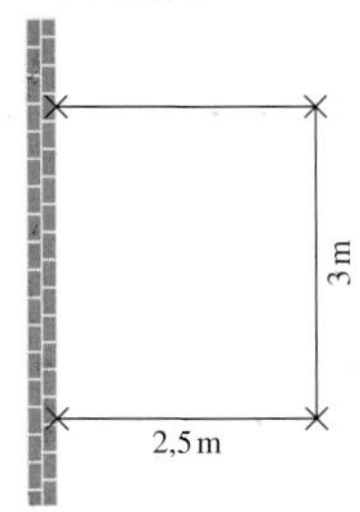

Die Fläche ist 7,5 m² groß.

Vorschlag 3:

z. B.

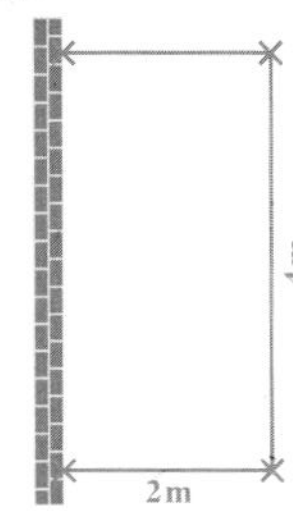

Die Fläche ist 8 m² groß.

7 Ermittle die Flächeninhalte einer Seite dieses Heftes und einer Doppelseite.
Gib jedes Ergebnisse in zwei Einheiten an.

Flächeninhalt einer Seite:

$210\,\text{mm} \cdot 297\,\text{mm} = 62\,370\,\text{mm}^2 = 623{,}70\,\text{cm}^2 = 6{,}2370\,\text{dm}^2$

Flächeninhalt einer Doppelseite:

$2 \cdot (210\,\text{mm} \cdot 297\,\text{mm}) = 124\,740\,\text{mm}^2 = 1\,247{,}40\,\text{cm}^2 = 12{,}4740\,\text{dm}^2$

Oberflächeninhalt eines Quaders

Grundwissen

Der Oberflächeninhalt eines Körpers ist die Summe der Flächeninhalte seiner Begrenzungsflächen.

$O_{Quader} = 2 \cdot l \cdot b + 2 \cdot l \cdot h + 2 \cdot b \cdot k$

$O_{Würfel} = 6 \cdot s^2$

s = Kantenlänge des Würfels

Beispiel:

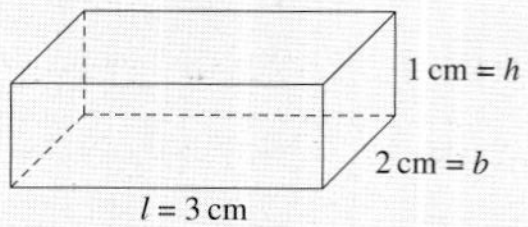

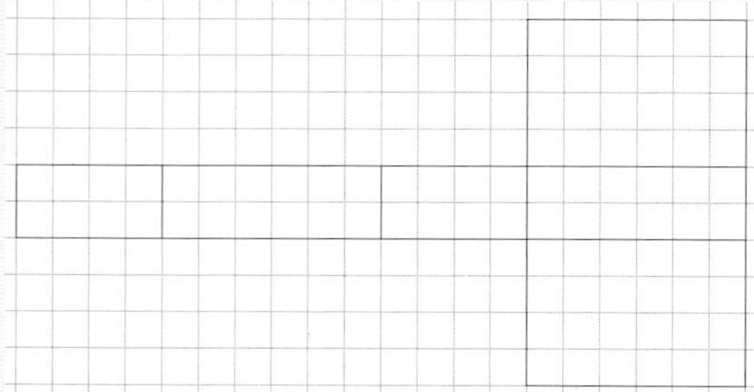

$O =$ $2 \cdot 2\,cm \cdot 3\,cm + 2 \cdot 1\,cm \cdot 3\,cm + 2 \cdot 2\,cm \cdot 1\,cm = 12\,cm^2 + 6\,cm^2 + 4\,cm^2 = 22\,cm^2$

► Auftrag: Ermittle mithilfe des Körpernetzes den Oberflächeninhalt des Quaders.

Trainieren

1 Ermittle den Oberflächeninhalt.

a) Würfel mit 3 cm langen Kanten

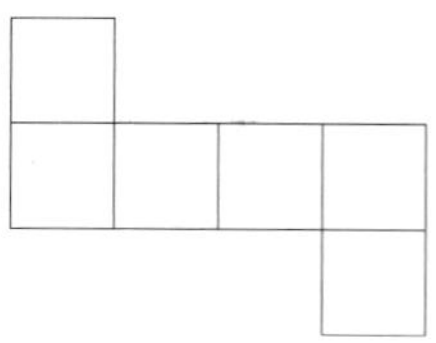

$6 \cdot 3\,cm \cdot 3\,cm = 54\,cm^2$

b) Quader mit 2 cm, 4 cm und 6 cm langen Kanten

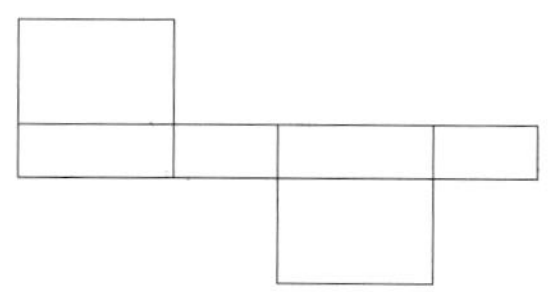

$2 \cdot 2\,cm \cdot 4\,cm + 2 \cdot 4\,cm \cdot 6\,cm + 2 \cdot 2\,cm \cdot 6\,cm$

$= 16\,cm^2 + 48\,cm^2 + 24\,cm^2 = 88\,cm^2$

2 Berechne den Oberflächeninhalt.

a) Würfel: $a = 5\,cm$

$6 \cdot 5\,cm \cdot 5\,cm = 150\,cm^2$

b) Quader: $a = 10\,mm$; $b = 2{,}5\,cm$; $c = 4\,cm$

$2 \cdot 1\,cm \cdot 2{,}5\,cm + 2 \cdot 4\,cm \cdot 1cm + 2 \cdot 4\,cm \cdot 2{,}5\,cm = 5\,cm^2 + 8\,cm^2 + 20\,cm^2 = 33\,cm^2$

3 Die abgebildeten Körper bestehen aus Würfeln mit 1 cm Kantenlänge. Nur gleiche Schichten durften hinten angefügt werden. Ermittle die Oberflächeninhalte der Körper.

a)

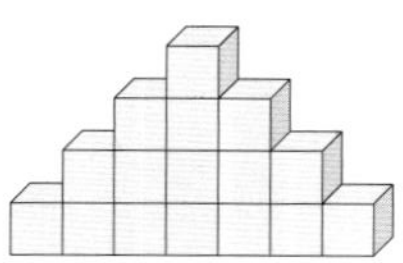

$54\,cm^2$

b)

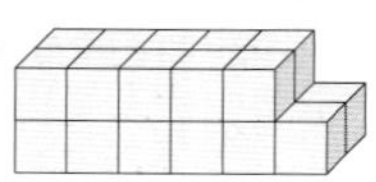

$54\,cm^2$

c)

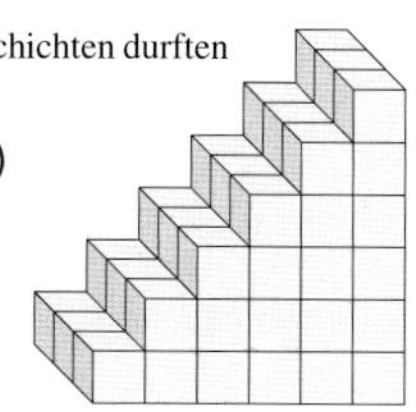

$114\,cm^2$

Vertiefen

4 Zwei Holzstützen für einen neuen Balkon sind 3 m lang. Sie haben die rechts abgebildete Grundfläche. Vor dem Einbau soll ihre Oberfläche mit Rostschutzmittel gestrichen werden. Die im Fachhandel angebotenen Dosen reichen für $1{,}5\,m^2$.
Ermittle, wie viele Dosen gekauft werden sollten.

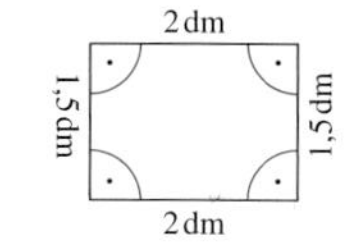

Flächeninhalte der Begrenzungsflächen:
$3\,dm^2$ (oben bzw. unten);
$60\,dm^2$, $45\,dm^2$, $60\,dm^2$, $45\,dm^2$ (Seitenflächen im Uhrzeigersinn)
Summe für eine Stütze: $216\,dm^2 = 2{,}16\,m^2$
Gesamter Oberflächeninhalt: $2 \cdot 2{,}16\,m^2 = 4{,}32\,m^2$

Drei Dosen, die für $1{,}5\,m^2$ reichen, sollten gekauft werden.

5 Die Inhaberin vom Eiscafé Seeblick möchte neue Sitzauflagen für 25 Stühle herstellen lassen.
Sie sollen die Form eines Quaders haben. Ihr liegen zwei Kissenmuster aus dem gleichen Stoff vor.
Das Muster A ist 38 cm lang, 42 cm breit und 40 mm hoch.
Das Muster B ist 42 cm lang, 42 cm breit und 40 mm hoch.
Der Stoff wurde von einer 1,50 m breiten Rolle abgeschnitten.
Ein Meter Stoff von dieser Rolle kostet 12,30 €.

Wegen der notwendigen Nähte an jeder Kante wurde jede Seitenfläche der Sitzauflage 5 cm länger und 5 cm breiter zugeschnitten, als sie bei der fertigen Sitzauflage ist.
Untersuche, ob 170,00 € zum Kauf des benötigten Stoffes ausreichen.

	Kissen vom Muster A	Kissen vom Muster B
Maße für den Zuschnitt	48 cm lang 52 cm breit 14 cm hoch	52 cm lang 52 cm breit 14 cm hoch
Stoff für ein Kissen	$7\,792\,cm^2$	$8\,320\,cm^2$
Stoff für 25 Kissen	$194\,800\,cm^2$ $= 19{,}48\,m^2$ (ca. $20\,m^2$)	$208\,000\,cm^2$ $= 20{,}8\,m^2$ (ca. $21\,m^2$)
Preis für 25 Kissen	12,30 € : 1,5 = 8,20 € 8,20 € · 20 = 164,00 €	8,20 € · 21 = 172,20 €

Der Stoff für die Auflagen kostet mindestens rund 164 €.

Vermutlich reichen 170 € zum Kauf des für Muster A benötigten Stoffes, jedoch nicht für Muster B.

Kapitel **Natürliche und ganze Zahlen**

1 Trage folgende Zahlen in die Stellenwerttafel ein.

a) zwölf Billionen dreißigtausendfünf

b) neun Milliarden sechzehntausenddreizehn

c) vier Milliarden dreihundert

d) achtundzwanzigzig Millionen vierhunderteintausend

Billionen			Milliarden			Millionen			Tausender					
H	Z	E	H	Z	E	H	Z	E	H	Z	E	H	Z	E
	1	2	0	0	0	0	0	0	0	3	0	0	0	5
					9	0	0	0	0	1	6	0	1	3
					4	0	0	0	0	0	0	3	0	0
							2	8	4	0	1	0	0	0

2 Ordne nach der Größe. 2 587; 0; 18; 187; 2 578; 10^2; 125; 10^3

0 < 18 < 10^2 < 125 < 187 < 10^3 < 2 578 < 2 587

3 Ergänze die Tabelle.

Runde auf …	Zehner	Hunderter	Tausender	Zehntausender
17 569	17 570	17 600	18 000	20 000
127 899	127 900	127 900	128 000	130 000

4 Marienkäfer

Schätze, wie lang ein Marienkäfer ist. Kreuze den passenden Wert an.

☒ ca. 5 mm ☐ ca. 5 cm ☐ ca. 5 dm ☐ ca. 5 m

5 Lies die Jahreszahlen folgender Ereignisse so genau wie möglich ab.

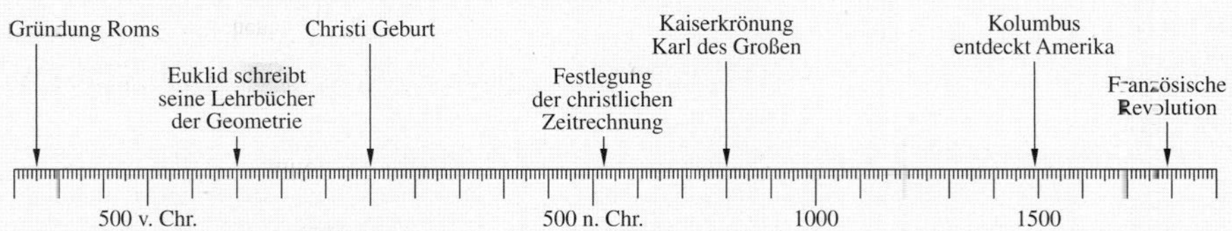

Kolumbus entdeckt Amerika: etwa 1 490 (1 492)

Gründung Roms: etwa 750 v. Chr. (753 v. Chr.)

Festlegung der christlichen Zeitrechnung: etwa 520 (525)

Französische Revolution: etwa 1 790 (1 789)

Kaiserkrönung Karls des Großen: 800

Euklid schrieb Lehrbücher: 300 v. Chr.

6 Karte mit den Höchstwerten der Temperaturen am 10. März

a) Nenne zwei nicht gleich warme Städte, in denen Schnee liegen könnte und die Temperaturen über –6° C liegen.

z. B.
Oslo (–4 °C); Warschau (–3 °C)

b) Nenne zwei Städte, in denen der Abstand der Temperaturen zu null gleich ist, jedoch nicht die Temperaturen.

z. B.
Paris (8 °C); Moskau (–8 °C)

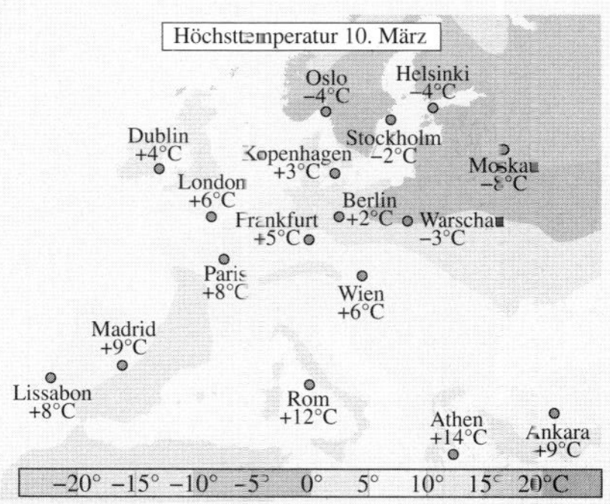

Kapitel **Addition und Subtraktion**

1 Berechne.

a) 507 + 41 = 548 b) 827 + 19 = 846 c) 1 027 + 88 = 1 115

d) 200 – 87 = 113 e) 756 – 80 = 676 f) 75 600 – 80 = 75 520

g) 37 + 58 + 23 = 118 h) 67 – 18 – 17 = 32 i) 23 + 24 + 25 + 26 + 27 = 125

2 Schreibe jeweils zuerst das Ergebnis des Überschlags auf.
Rechne danach schriftlich.

a) 5 000 b) 14 000 c) 5 000 d) 11 000

```
a)    9 2 7 2      b)    6 8 0 6      c)    7 0 3 0      d)    8 6 4 5
    – 3 8 1 0         + 5 8 2 1          – 1 8 2 3         +   3 2 2
      1   1           + 1 4 8 0            1   1           + 1 9 5 7
      5 4 6 2           1 2 1                5 2 0 7          1 1 1 1
                      1 4 1 0 7                             1 0 9 2 4
```

3 Ergänze jeweils die fehlenden Klammern.

a) 28 + 9 – (33 + 41) = –37 b) –57 – (40 – 30) – (12 – (–7)) = –86

4 Ermittle das Ergebnis.

a) Subtrahiere die Differenz der Zahlen 52 und 24 von der Summe der Zahlen 48 und 7.

(48 + 7) – (52 – 24) = 41 – 28 = 13

b) Der Minuend ist um 11 größer als der Subtrahend. Welchen Wert hat die Differenz?

Der Wert der Differenz ist 11.

5 Wenn die Sonne an einem Ort am höchsten steht, ist an diesem Ort 12:00 Uhr mittags.
Dies ist nicht überall gleichzeitig der Fall, deshalb wurde die Erde in Zeitzonen unterteilt.

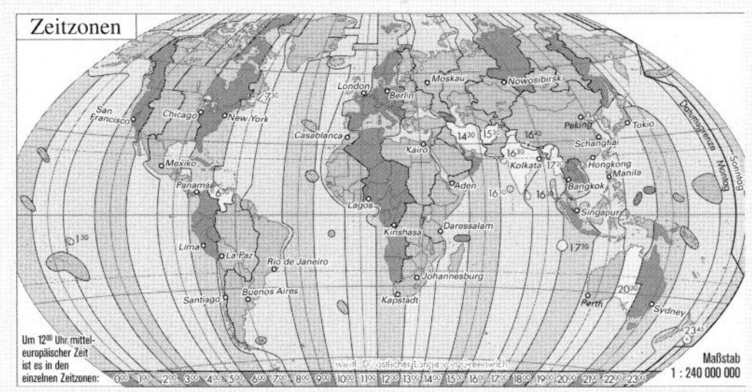

a) Wie spät ist es etwa in Südafrika, wenn es bei uns 12:00 Uhr mittags ist?

13:00 Uhr

b) Wie spät ist es etwa in Australien, wenn es bei uns 12:00 Uhr mittags ist?

zwischen 19:00 und 21:00 Uhr

c) Wie spät ist es etwa auf Grönland, wenn es in Südafrika 19:00 Uhr ist?

zwischen 13:00 und 15:00 Uhr

d) Stelle eine weitere Aufgabe und löse diese.

individuelle Lösung

Kapitel Grundbegriffe der Geometrie

1 Sechseck

a) Zeichne in das Sechseck alle Diagonalen ein und gib die Anzahl an.

Das abgebildete Sechseck hat 9 Diagonalen.

b) Bezeichne zwei der Diagonalen, die senkrecht zueinander verlaufen mit *e* und *f*.

c) Bezeichne zwei der Diagonalen, die parallel zueinander verlaufen mit *g* und *h*. Gib deren Abstand an.

g und *h* haben einen Abstand von 3 cm (= 30 mm).

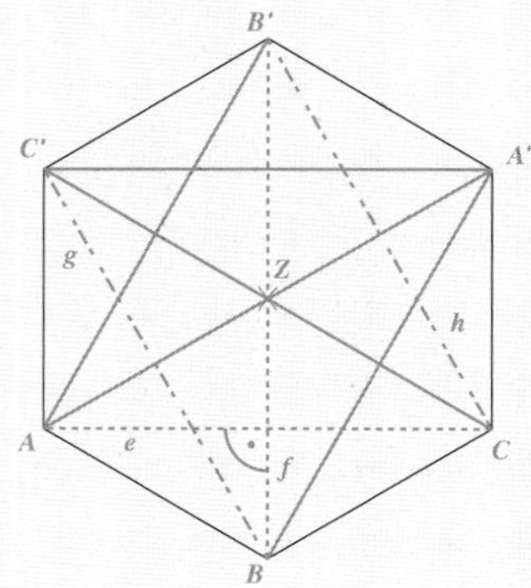

2 Zeichne jeweils die Punkte im Koordinatensystem ein und gib die fehlen Koordinaten der Vierecke an.

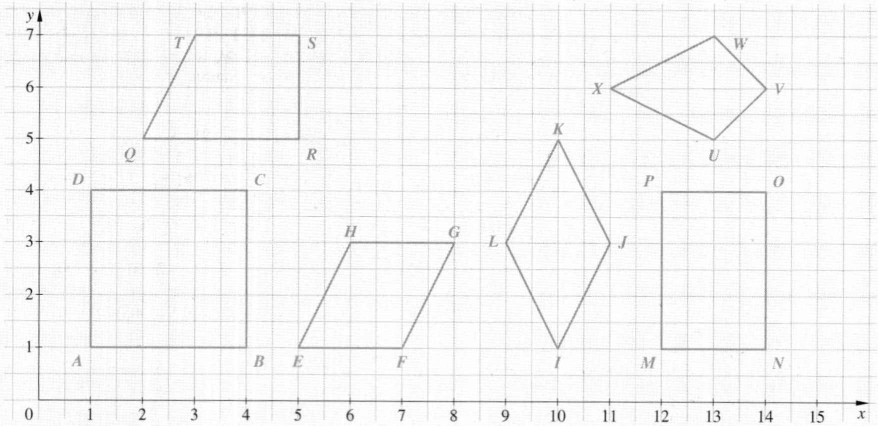

a) Quadrat *ABCD*: *A* (1 | 1) *B* (4 | 1) *C* (4 | 4) *D* (1 | 4)

b) Parallelogramm *EFGH*: *E* (5 | 1) *F* (7 | 1) *G* (8 | 3) *H* (6 | 3)

c) Raute *IJKL*: *I* (10 | 1) *J* (11 | 3) *K* (10 | 5) *L* (9 | 3)

d) Rechteck *MNOP*: *M* (12 | 1) *N* (14 | 1) *O* (14 | 4) *P* (12 | 4)

e) Trapez *QRST*: *Q* (2 | 5) *R* (5 | 5) *S* (5 | 7) *T* (3 | 7)

f) Drachenviereck *UVWX*: *U* (13 | 5) *V* (14 | 6) *W* (13 | 7) *X* (11 | 6)

3 Gib die Größe und die Art der Winkel an.

α = 31° spitzer Winkel

β = 126° stumpfer Winkel

γ = 90° rechter Winkel

δ = 234° überstumpfer Winkel

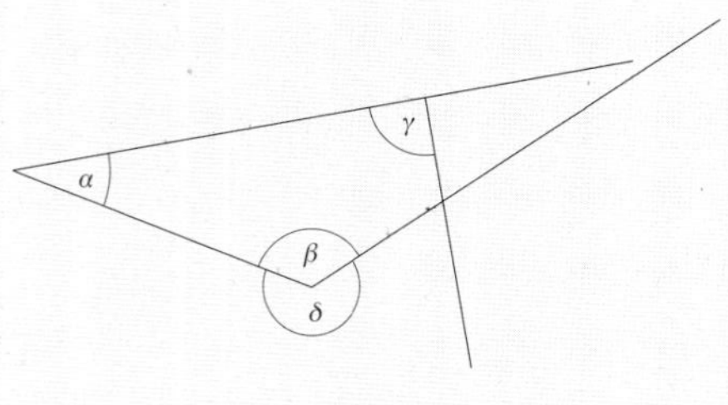

Kapitel Multiplikation und Division natürlicher Zahlen

1 Berechne im Kopf.

a) $60 \cdot 11 =$ 660 **b)** $12 \cdot 15 =$ 180 **c)** $660 : 11 =$ 60 **d)** $450 : 90 =$ 5

e) $70 \cdot 8 =$ 560 **f)** $210 \cdot 4 =$ 840 **g)** $72 \cdot 2 =$ 144 **h)** $13 \cdot 8 =$ 104

i) $77 : 77 =$ 1 **j)** $660 : 0 =$ n.l. **k)** $60 : 15 =$ 4 **l)** $0 : 11 =$ 0

2 Schreibe jeweils zuerst das Ergebnis des Überschlags auf. Rechne danach schriftlich in einer geeigneten Einheit.

a) 28 · 875,50 € = 24 514 €

Überschlag: 30 · 900 € = 27 000 €

8 7 5 5 0 · 2 8
1 7 5 1 0 0
7 0 0 4 0 0
2 4 5 1 4 0 0

b) 789,625 km : 25 = 31,585 km

Überschlag: 800 km : 25 = 32 km

7 8 9 6 2 5 : 2 5 = 3 1 5 8 5
7 5
3 9
2 5
1 4 6
1 2 5
2 1 2
2 0 0
1 2 5
1 2 5
0

3 Berechne vorteilhaft. Beachte Rechenregeln und Rechengesetze.

a) $(2 \cdot 17 - 14) \cdot (6^2 - 4 : 2) =$ $(34 - 14) \cdot (36 - 2) = 20 \cdot 34 = 680$

b) $10^2 : (88 - 11 \cdot 7 + 14) =$ $100 : (88 - 77 + 14) = 100 : (11 + 14) = 100 : 25 = 4$

c) $4 \cdot (47 + 50 - 7) : 6^2 =$ $4 \cdot (47 + 43) : 36 = 4 \cdot 90 : 36 = 360 : 36 = 10$

4 Frau Chung hat Reis, Nudeln, gebackenes Hähnchen, gebackene Ente, Pilze mit Gemüse und Ananas mit Gemüse im Angebot. Ermittle mithilfe von zwei Baumdiagrammen, wie viele Gerichte vermutlich auf der Speisekarte stehen werden. Jedes Gericht besteht entweder aus einer einfachen Portion Reis oder Nudeln und einer oder zwei der anderen Komponenten (Fleisch oder Gemüse), die dazukommen.

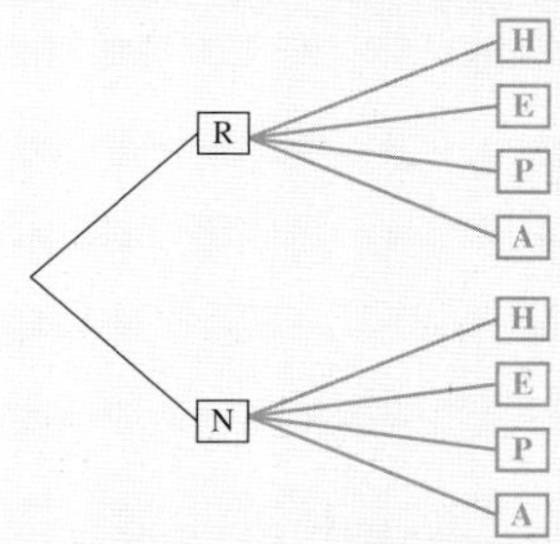

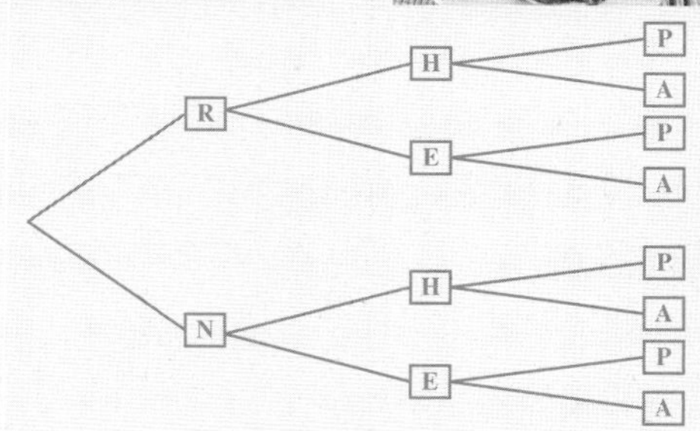

16 Gerichte stehen vermutlich auf der Speisekarte.

Kapitel Multiplikation und Division ganzer Zahlen

1 Berechne im Kopf.

a) $(-7) \cdot 3 =$ −21 **b)** $(-11) \cdot 5 =$ −55 **c)** $(-8) \cdot (-4) =$ +32 **d)** $(-5) \cdot (-12) =$ +60

e) $(-12) : (-2) =$ +2 **f)** $-36 : 6 =$ −6 **g)** $18 : (-3) =$ −6 **h)** $(+30) : (+5) =$ +6

2 Setze passende Zahlen und Rechenzeichen ein.

a) 77 : 11 = 7 **b)** 162 : 18 = 9 **c)** 100 · 63 : 3 = 2100 **d)** 105 : 5 = 21

e) 13 · 3 = 39 **f)** 12 + 8 − 20 = 0 **g)** (17 − 8) · 4 = 36 **h)** 45 : 9 + 5 = 10

3 Ergänze die fehlenden Zahlen in der Multiplikationsmauer links und der Divisionsmauer rechts.

Multiplikationsmauer:

−472 392
−972 | 486
36 | −27 | −18
−4 | −9 | 3 | −6

Divisionsmauer:

320
−20 | −16
−10 | 2 | −8
−5 | 2 | 1 | −8

4 Berechne vorteilhaft. Beachte Vorrangregeln und Rechengesetze.

a) $2 \cdot 23 + 25 - 10 : 2 =$ $46 + 25 - 5 = 46 + 20 = 66$

b) $(2 \cdot 17 - 14) \cdot (36 - 4 : 2) =$ $(34 - 14) \cdot (36 - 2) = 20 \cdot 34 = 680$

c) $100 : (88 - 11 \cdot 7 + 14) =$ $100 : (88 - 77 + 14) = 100 : (11 + 14) = 100 : 25 = 4$

d) $32 \cdot (2 \cdot 2^3 + 25 : 5^2) - 18 \cdot 32 =$ $32 \cdot (2 \cdot 8 - 25 : 25) - 32 \cdot 18 = 32 \cdot 15 - 32 \cdot 18 = 32 \cdot (15 - 18) = -96$

5 Lea und Ole haben in mehreren Reisebüros Angebote für eine Gruppenfahrt zu einem Kletterpark mit 25 Schülern erstellen lassen. Vergleiche beide Angebote.
Das beste Angebot von Ole ist: Ein Busunternehmen fährt alle für insgesamt 420 €.
Das beste Angebot von Lea ist: Jeder Schüler zahlt 16,70 € für die Fahrt.

z. B.
Oles Angebot: Jeder zahlt 16,80 € (1 680 ct) für die Fahrt.
Leas Angebot: Insgesamt sind 417,50 € (41 750 ct) zu zahlen. Leas Angebot ist etwas preiswerter als das von Ole.

```
4 2 0 0 0 : 2 5 = 1 6 8 0
2 5
1 7 0
1 5 0
  2 0 0
  2 0 0
      0 0
      0 0
        0

1 6 7 0 · 2 5
    3 3 4 0
      8 3 5 0
    1
    4 1 7 5 0
```

Kapitel Größen und ihre Einheiten

1 Rechne jeweils in die gegebene Einheit um.

a) 7 km = 7 000 m **b)** 85 cm + 5 mm = 855 mm **c)** 780 dm = 78 m

d) 7 800 g = 7,8 kg **e)** 95 t = 95 000 kg **f)** 7 500 mg = 7,5 g

g) 7 d = 168 h **h)** 1 h + 30 min = 90 min **i)** 180 s = 3 min

2 Ergänze jeweils eine Einheit, sodass die Aussage wahr sein kann.

a) Ein Päckchen Saft wiegt ca. 0,2 kg. **b)** Ein Atemzug dauert ca. 2 s.

c) Eine Arbeitsheftseite ist ca. 200 mm breit und 3 dm hoch.

3 Auf dem Jahrmarkt kosten 1 min 45 s Achterbahnfahren 5 €, 2 min Autoscooterfahren 3 € und 90 s Karussellfahren 2,50 €.

a) Welche der Fahrten dauert am längsten?

Die Fahrten mit dem Autoscooter dauern am längsten.

b) Wie viel Euro kostet es insgesamt, wenn man jeweils eine Fahrt macht?

Insgesamt kostet es 10,50 €.

4 Rechteck und Quadrat im Koordinatensystem

a) Gib die Koordinaten der Punkte an.

$A(1|4)$ $B(4|4)$ $C(4|7)$ $D(1|7)$

b) Zeichne ein Rechteck mit folgenden Eckpunkten und gib die Koordinaten von Punkt H an.

$E(1|1)$ $F(7|1)$ $G(7|3)$ $H(1|3)$

c) Gib die Umfänge beider Vierecke an.

Umfang des Quadrats: 12 cm

Umfang des Rechtecks: 16 cm

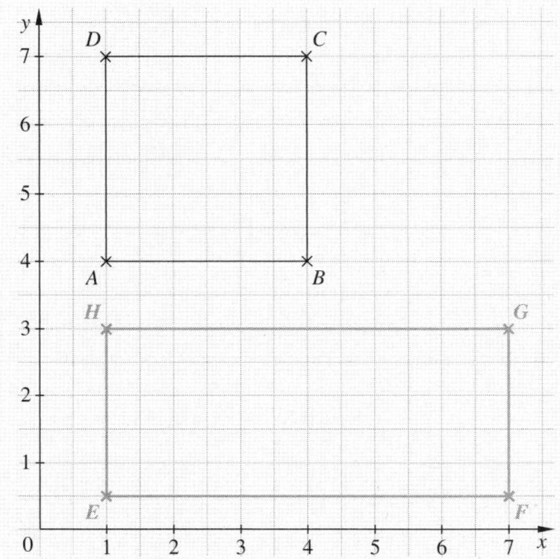

5 Ergänze die Tabelle für maßstäbliche Verkleinerungen.

Maßstab	1 : 25	1 : 200	1 : 5	1 : 150
Länge im Bild	5 mm	6 cm	2 dm	8 mm
Länge im Original	125 mm	1 200 cm	10 dm	1 200 mm

Kapitel **Flächen und Flächenmessung**

1 Gib die Flächeninhalte in Quadratzentimeter und Quadratmillimeter an.

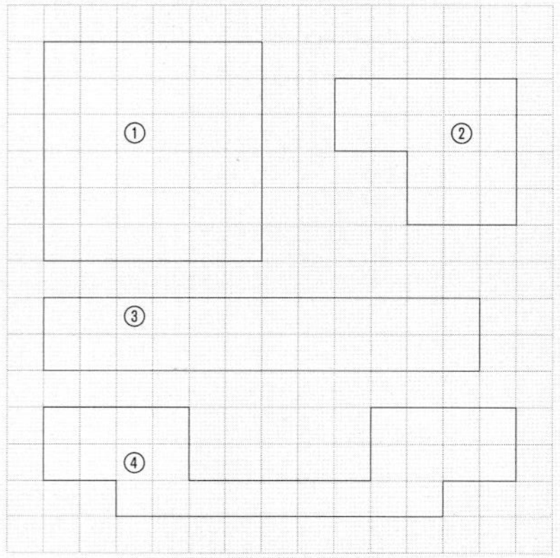

Vieleck ①: $A = 9\ cm^2 = 900\ mm^2$

Vieleck ②: $A = 4\ cm^2 = 400\ mm^2$

Vieleck ③: $A = 6\ cm^2 = 600\ m^2$

Vieleck ④: $A = 6{,}25\ cm^2 = 625\ mm^2$

2 Rechne jeweils in die gegebene Einheit um.

a) $507000\ m^2 =$ 50 700 000 dm^2 b) $970000\ dm^2 =$ 9 700 m^2 c) $802000000\ m^2 =$ 802 km^2

d) $8500\ mm^2 =$ 85 cm^2 e) $20\ cm^2 =$ 2 000 mm^2 f) 2,5 ha = 250 a

3 Maria hat ihr Zimmer ausgemessen und gezeichnet.
Die Längen sind in Meter angeben.

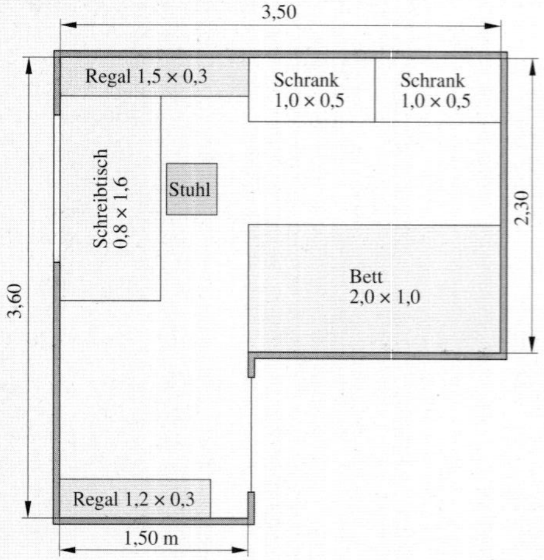

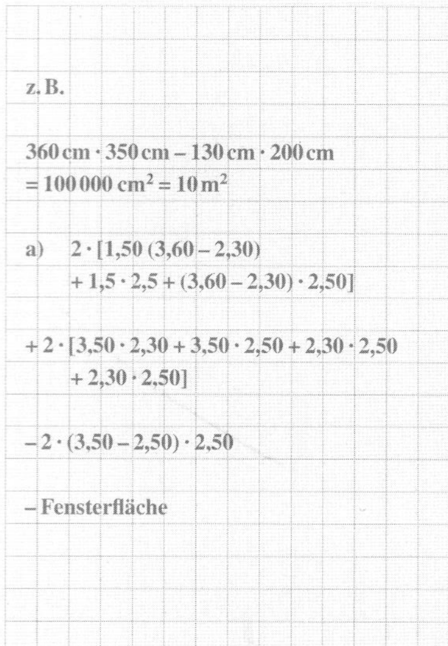

z. B.

$360\ cm \cdot 350\ cm - 130\ cm \cdot 200\ cm$
$= 100\,000\ cm^2 = 10\ m^2$

a) $2 \cdot [1{,}50\ (3{,}60 - 2{,}30)$
$+ 1{,}5 \cdot 2{,}5 + (3{,}60 - 2{,}30) \cdot 2{,}50]$

$+ 2 \cdot [3{,}50 \cdot 2{,}30 + 3{,}50 \cdot 2{,}50 + 2{,}30 \cdot 2{,}50$
$+ 2{,}30 \cdot 2{,}50]$

$- 2 \cdot (3{,}50 - 2{,}50) \cdot 2{,}50$

– Fensterfläche

a) Berechne, wie groß ihr Zimmer ist. Ihr Zimmer ist $10\ m^2$ groß.

b) Wände, Holztür, Holzdecke und Holzfußboden müssen gestrichen werden. Gib einen Term für die zu streichende Fläche an.

Jahrgangsstufentest

1 Welche Zahlen gehören zu den farbig markierten Stellen?

a) –4 –2 0 1 4 6

b) –35 –20 –10 0 10 20

2 Vergleiche.

a) –59 < 41 b) 60 > –11 c) –23 > –80 d) +56 < 65

3 Berechne.

a) 507 + 41 = 548 b) –60 + 11 = –49 c) 823 – 80 = 743 d) –60 + (–4) = –64

e) –56 + 41 = –15 f) –70 + (–11) = –81 g) –523 + 24 = –499 h) –48 + 24 = –24

4 Berechne. Nutze Rechenvorteile, wenn möglich.

a) $(59 + (-9)^2) : (3 \cdot 5 - 85) =$ $140 : (-70) = -2$

b) $(-158 - 42) : (-17 - 33) + 3 =$ $(-200) : (-50) + 3 = 7$

c) $(-5) \cdot [130 \cdot (-26)] =$ $130 \cdot 130 = 16\,900$

d) $[25 \cdot 33 - (-5)^2 \cdot 6] : (17^2 - 4^3) =$ $675 : 225 = 3$

5 Berechne den Oberflächeninhalt des Quaders, dessen Körpernetz abgebildet ist.

$2 \cdot (10\ mm \cdot 8\ mm + 8\ mm \cdot 20\ mm + 20\ mm \cdot 10\ mm) = 880\ mm^2 = 8{,}8\ cm^2$

Der Oberflächeninhalt beträgt $8{,}8\ cm^2$.

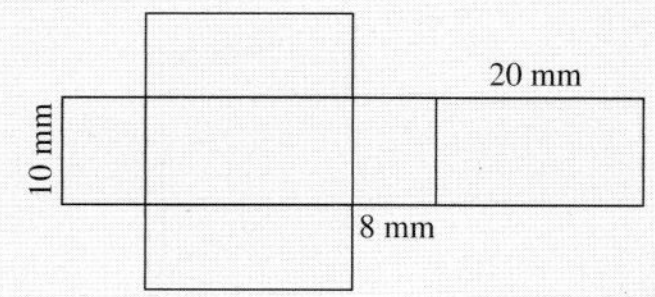

6 Rechne jeweils in die gegebene Einheit um.

a) 5000 m = 5 km b) 97 km = 97 000 m c) $82700\ cm^2 =$ 827 dm^2 d) $27\ cm^2 =$ 2 700 mm^2

e) 823 000 g = 823 kg f) 27 t = 27 000 kg g) 180 min = 3 h h) 5 d = 120 h

7 Zeichnen von zueinander parallelen und senkrechten Geraden

a) Zeichne eine Gerade h senkrecht zu g durch den Punkt A.

b) Zeichne eine Parallele i zu g durch den Punkt B.

c) Gib den Abstand der Geraden i und g an. 25 mm

d) Zeichne die Strecke $\overline{AB}$.

e) Zeichne den Kreis um A, der die Gerade g als Tangente hat.

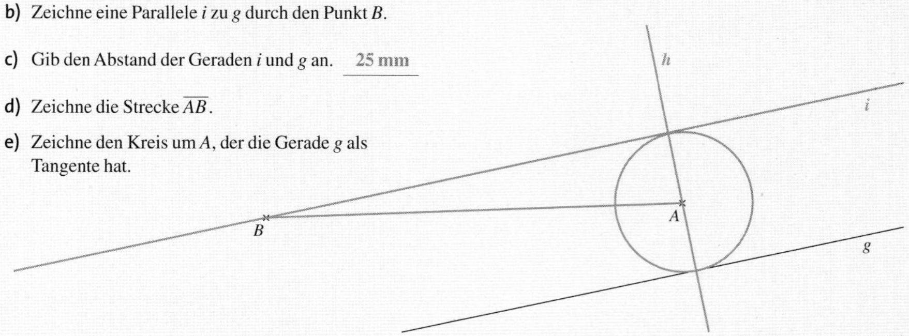

Fokus

Mathematik

Gymnasium Klasse 5
Bayern

Unter Beratung von
Fritz Kammermeyer
Marco Grees

Cornelsen

Natürliche Zahlen

▶ Grundwissen

Gib sechs natürliche Zahlen an. ______________________________

Gib die kleinste natürliche Zahl an. ________

Gib den Vorgänger der natürlichen Zahl 4 120 an. ________

Gibt es eine natürliche Zahl, die keinen Vorgänger hat? ________ Wenn ja, welche? ________

Gib den Nachfolger der natürlichen Zahl 53 999 an. ________

Gibt es eine natürliche Zahl, die keinen Nachfolger hat? ________ Wenn ja, welche? ________

▶ Auftrag: Ergänze.

Trainieren

1 Welche Zahlen gehören zu den farbig markierten Stellen?

a)

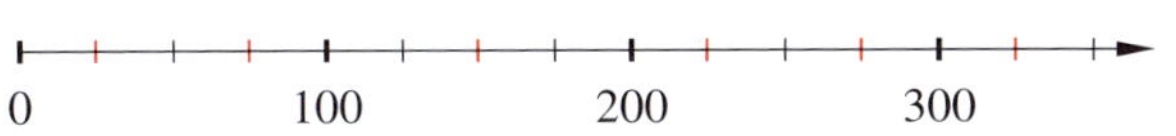

b)

2 Markiere auf dem Zahlenstrahl.

a) 80; 110; 150; 65; 40; 25; 125

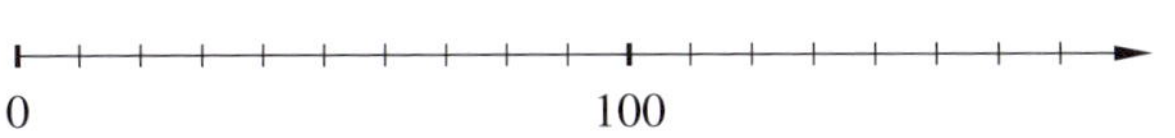

b) 8 000; 16 000; 14 000; 1 000; 6 000; 11 000; 3 000

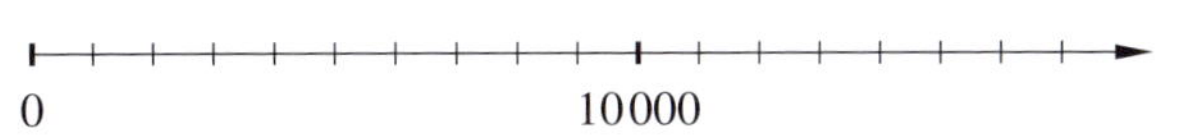

3 Vergleiche.

a) 254 332 ☐ 254 323 **b)** 496 576 ☐ 478 564 **c)** 1 857 762 ☐ 99 987 **d)** 305 999 ☐ 350 444

e) 278 378 ☐ 287 323 **f)** 476 576 ☐ 376 576 **g)** 899 762 ☐ 899 762 **h)** 305 329 ☐ 350 432

4 Welche Ziffern können jeweils für das Sternchen eingesetzt werden, damit wahre Aussagen entstehen?

a) 564 < 5*4 ______________ **b)** 987 *54 < 987 354 ______________

c) 6 214 > 621* ______________ **d)** 1 208 104 > 1 208 *04 ______________

5 Ordne die Zahlen nach der Größe. Beginne mit der kleinsten Zahl. 5 203; 235; 523; 2 305; 5 230; 253; 2 053; 5 032

☐ < ☐ < ☐ < ☐ < ☐ < ☐ < ☐ < ☐

6 Trage die Zahlen in die Stellenwerttafel ein.

a) sechsundsiebzig Millionen sieben
b) zwanzig Milliarden fünftausend
c) achthundertacht Milliarden achthundert-achttausend
d) sechs Billionen sechzig Millionen sechshunderttausend

Billionen			Milliarden			Millionen			Tausender					
H	Z	E	H	Z	E	H	Z	E	H	Z	E	H	Z	E

Vertiefen

7 Die Sonne ist der größte Körper unseres Sonnensystems. Sie hat einen Durchmesser von 1 392 000 km. Die Durchmesser der Planeten unseres Sonnensystems liegen zwischen 143 000 km (Jupiter) und 4 900 km (Merkur). Die Venus hat ungefähr den gleichen Durchmesser wie die Erde (12 800 km). Der Durchmesser des größten Jupitermondes beträgt 5 280 km, der des Erdmondes 3 470 km.

a) Trage die im Text genannten Zahlen in die Stellenwerttafel ein.

Millionen			Tausender					
H	Z	E	H	Z	E	H	Z	E

b) Ordne die Himmelskörper nach der Größe. Schreibe die Zahlen in Worten.

______________________ Kilometer

Merkur viertausendneunhundert Kilometer

______________________ Kilometer

Erde ______________________ Kilometer

______________________ Kilometer

______________________ Kilometer

8 Wahr oder falsch? Begründe deine Antwort.

a) Es gibt eine sechsstellige Zahl, die größer ist als 999 999. ☐ wahr ☐ falsch

____

b) Es gibt eine fünfstellige Zahl, deren Vorgänger vierstellig ist. ☐ wahr ☐ falsch

____

c) Die kleinste vierstellige Zahl, die mit den Ziffern 1; 5; 2 und 9 gebildet werden kann, wenn keine Ziffer mehrmals verwendet wird, ist 1529. ☐ wahr ☐ falsch

____

9 Der Ziffernfolge der Zahlen liegt jeweils eine Regel zugrunde.
Ergänze die fehlenden Ziffern und gib die Regel an. Schreibe die entsprechende Zahl ohne Ziffern auf.

a)

5	0	5	4	5	8		

____

b)

4	9	5	0	5	1	5	2		

____

Runden und Schätzen

▶ Grundwissen

- Regeln zum Runden: Bei den Ziffern ________ wird abgerundet. Beispiele: 134 ≈ 130
  Bei den Ziffern ________ wird aufgerundet. 135 ≈ 140
- Beim Schätzen hingegen wird mithilfe von Überlegungen das Ergebnis näherungsweise vorhergesagt.

▶ Auftrag: Ergänze die Ziffern.

Trainieren

1 Runde …

178 394 625

- auf Hunderter ________
- auf Zehner ________
- auf Zehntausender ________
- auf Millionen ________
- auf Hundertmillionen ________
- auf Hunderttausender ________
- auf Tausender ________
- auf Zehnmillionen ________

2 Ergänze die Tabelle.

Runde …	16 736	321 483	73 698	196 542
auf Zehntausender				
auf Tausender				
auf Hunderter				
auf Zehner				

3 Schätze.

a) Wie viele Aufgaben (1; 2; 3; …) enthält das Arbeitsheft? ________

b) Wie viele eurer Stunden werden diese Woche vertreten? ________

c) Wie viele Schüler der Klasse haben Geschwister? ________

d) Wie viele Mathematikstunden hast du im Schuljahr? ________

e) Wie viele Daumenbreiten ist diese Seite hoch? ________

f) Wie viele Ziffern sind auf dieser Doppelseite vorgegeben? ________

Vertiefen

4 Eine Buchseite eines englischen Romans enthält durchschnittlich 39 Zeilen. Jede Zeile hat durchschnittlich 10 Wörter und jedes Wort hat durchschnittlich 5 Buchstaben. Überschlage, wie viele Buchstaben ein 249-seitiger Roman etwa enthält.

5 Deutschland hat 16 Bundesländer, die unterschiedlich viele Einwohner haben und unterschiedlich groß sind.

a) Ergänze die Tabelle (Stand vom 10.04.2014).

	Einwohner am 31. Dezember 2015		Fläche in Quadratkilometern	
	„genau"	gerundet auf Mio.	„genau"	gerundet auf Tausender
Baden-Württemberg	10 879 618		35 751	
Bayern	12 843 514		70 550	
Berlin	3 520 031		892	
Brandenburg	2 484 826		29 654	
Bremen	671 489		419	
Hamburg	1 787 408		755	
Hessen	6 176 172		21 115	
Mecklenburg-Vorpommern	1 612 362		23 212	
Niedersachsen	7 926 599		47 614	
Nordrhein-Westfalen	17 865 516		34 110	
Rheinland-Pfalz	4 052 803		19 854	
Saarland	995 597		2 569	
Sachsen	4 084 851		18 420	
Sachsen-Anhalt	2 245 470		20 452	
Schleswig-Holstein	2 858 714		15 800	
Thüringen	2 170 714		16 172	

b) Schreibe die fünf Bundesländer auf, die die größte Fläche haben. Beginne mit dem größten Bundesland.

c) Welche Bundesländer haben zusammen etwa so viele Einwohner wie Bayern? Nenne ein Beispiel.

6 Das Ergebnis einer Rundung auf Hundert ist 300. Gib die kleinste und die größte Zahl an, die zu diesem Ergebnis führen.

Messen unter Null – negative Zahlen

▶ Grundwissen

Die natürlichen Zahlen ℕ = {1; 2; 3 …}, die Null und die Menge der ______________

{−1; −2; −3 …} bilden zusammen die Menge der ganzen Zahlen ℤ = {… −3; −2; −1; 0; 1; 2; 3; …}.

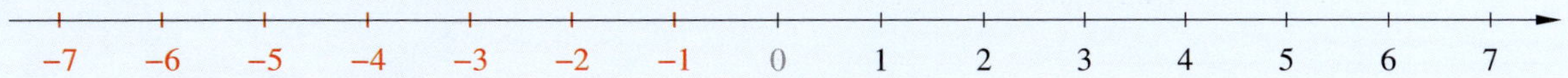

▶ Auftrag: Ergänze den Satz.

Trainieren

1 Veranschauliche folgende Zahlen an der Zahlengeraden. 2; −1; −7; 11; 7; 4; −12; −14; 5; −5; 0

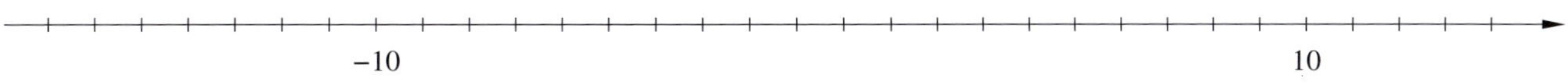

2 Gib, wenn möglich, jeweils drei ganze Zahlen an, die auf der Zahlengerade zwischen den gegebenen Zahlen liegen.

a) Zwischen −3 und 1 liegen ______________

b) Zwischen 2 und −2 liegen ______________

c) Zwischen −3 und −6 liegen ______________

d) Zwischen −7 und 0 liegen ______________

e) Zwischen 1 und −1 liegen ______________

f) Zwischen 1 und −4 liegen ______________

3 Welche Zahl könnte die gesuchte Zahl sein?
Gib, wenn möglich, mehrere Beispiele an.

a) Anne sucht eine natürliche Zahl, die höchstens einen Abstand von drei zu −2 hat. ______________

b) Jonas sucht eine natürliche Zahl, die mindestens einen Abstand von fünf zu 0 hat. ______________

c) Lina sucht eine ganze Zahl, die höchstens einen Abstand von drei zu −1 hat. ______________

d) Luis sucht eine ganze Zahl, die genau einen Abstand von siebzig zu −3 hat. ______________

4 Gib jeweils die benachbarten ganzen Zahlen an.

a) ____ < 15 < ____

b) ____ < −15 < ____

c) ____ < 0 < ____

5 Ordne die Temperaturangaben. Beginne mit dem kleinsten Wert. −55 °C; 10 °C; 17 °C; −11 °C; −45 °C; 24 °C; −23 °C; −28 °C; 3

____

6 Notiere jeweils die nächsten drei ganzen Zahlen.

a) 10; 8; 6; 4 … ______________

b) −109; −107; −105; −103 … ______________

c) −5; 0; 5; 10 … ______________

d) −7; 5; −3; 2 … ______________

Vertiefen

7 Gib zuerst den Sachverhalt mit einer ganzen Zahl an.
Schreibe danach die Gegenzahl und deren mögliche Bedeutung im Sachzusammenhang auf.

a) 2 300 € Gewinn — Zahl: ______ Gegenzahl: ______
Bedeutung der Gegenzahl: ______________________

____

b) 7° C über null — Zahl: ______ Gegenzahl: ______
Bedeutung der Gegenzahl: ______________________

____

c) 3 Sekunden nach dem Start — Zahl: ______ Gegenzahl: ______
Bedeutung der Gegenzahl: ______________________

____

d) 2. Etage — Zahl: ______ Gegenzahl: ______
Bedeutung der Gegenzahl: ______________________

____

e) 859 m über NN — Zahl: ______ Gegenzahl: ______
Bedeutung der Gegenzahl: ______________________

____

8 Unsere Zeitrechnung begann mit der Geburt Christi. Zeitangaben, die vor dem Beginn unserer Zeitrechnung liegen, erhalten deshalb den Zusatz v. Chr. (vor Christus).

a) Finde heraus, wer von den drei Römern am ältesten wurde? Begründe deine Antwort.

____

____

____

____

____

b) Vor wie vielen Jahren wurde Rom gegründet?

____

____

römischer Staatsmann
Julius Cäsar
Geburt: 100 v. Chr.
Tod: 44 v. Chr.

römischer Kaiser
Augustus
Geburt: 63 v. Chr.
Tod: 14 n. Chr.

römischer Kaiser
Tiberius
Geburt: 42 v. Chr.
Tod: 37 n. Chr.

Gründung Roms
753 v. Chr.

Das Jahr 0 gibt es nicht.

Im Kopf addieren und subtrahieren

▶ Grundwissen

- Addieren bedeutet so viel wie ____________________
- Subtrahieren bedeutet so viel wie ____________________
- Beim Addieren dürfen die Summanden vertauscht werden. Der Wert der ________ ändert sich dadurch nicht.

▶ Auftrag: Trage folgende Begriffe an den richtigen Stellen ein:
zusammenzählen; abziehen; Unterschied berechnen; hinzufügen; Summe; vermehren; vermindern.

Trainieren

1 Schreibe die Rechenausdrücke auf und berechne.

a) Addiere 3 zu 45. ____________ **b)** Füge 8 zu 51 hinzu. ____________

c) Subtrahiere 2 von 50. ____________ **d)** Ziehe 5 von 44 ab. ____________

2 Addiere.

a) 307 + 40 = ______ **b)** 20 + 803 = ______ **c)** 660 + 120 = ______ **d)** 61 + 401 = ______

e) 97 + 50 = ______ **f)** 30 + 87 = ______ **g)** 606 + 77 = ______ **h)** 45 + 90 = ______

i) 807 + 99 = ______ **j)** 756 + 80 = ______ **k)** 660 + 440 = ______ **l)** 660 + 91 = ______

3 Subtrahiere.

a) 75 – 40 = ______ **b)** 126 – 8 = ______ **c)** 64 – 12 = ______ **d)** 65 – 41 = ______

e) 97 – 51 = ______ **f)** 77 – 27 = ______ **g)** 80 – 79 = ______ **h)** 45 – 45 = ______

i) 80 – 19 = ______ **j)** 750 – 80 = ______ **k)** 610 – 40 = ______ **l)** 660 – 91 = ______

4 Setze + oder – passend ein.

a) 40 □ 80 □ 20 = 140 **b)** 77 □ 27 □ 30 = 20 **c)** 100 □ 80 □ 19 = 1 **d)** 45 □ 45 □ 3 = 93

e) 23 □ 50 □ 13 = 60 **f)** 75 □ 80 □ 20 = 135 **g)** 210 □ 40 □ 15 = 185 **h)** 66 □ 77 □ 55 = 44

5 Ergänze die fehlenden Zahlen in den Additionsmauern.

106				
4	3	9	7	8

1131				
	143			
		66		
			22	
874				7

Vertiefen

6 Zahlenrätsel

16	A	33	44
B	13	50	C
34	22	D	15
E	47	12	F

a) Schreibe jeweils die Lösung in das Feld mit dem entsprechenden Buchstaben.

A: 15 vermindert um 8
B: 8 vermehrt um 9
C: Differenz von A und B
D: Summe von A und B
E: Vorgänger von D
F: Nachfolger von D

b) Addiere im Kopf die Zahlen jeder Spalte und jeder Zeile. Rechne vorteilhaft.
Hinweis: Die Summe aller Zahlen der Tabelle ist 392.

Zeile 1: ________ Zeile 2: ________ Zeile 3: ________ Zeile 4: ________

Spalte 1: ________ Spalte 2: ________ Spalte 3: ________ Spalte 4: ________

c) Wenn alle Zahlen aus dem ausgefüllten Zahlenquadrat von 500 subtrahiert werden, ist das Ergebnis ________

7 Auf der Karte sind Entfernungen zwischen Autobahnkreuzen angegeben.

a) Wahr oder falsch?

Von Kempten nach München sind es etwa 168 km.

____

Von Köln nach Nürnberg sind es etwa 420 km.

____

Von Hof nach Bamberg sind es etwa 135 km.

____

Von Bayreuth nach Regensburg sind es etwa 150 km.

____

Von Nürnberg nach München sind es etwa 181 km.

____

Von München nach Salzburg sind es etwa 168 km.

____

b) Finde die kürzeste Route von Hamburg nach München. Zeichne diese auf der Karte farbig nach.
Hinweis: Notiere Zwischenergebnisse auf einem zusätzlichen Blatt.

c) Familie Schulz fährt von Flensburg nach Lindau. In Flensburg sind 15 l Super im Tank. Der Tank fasst insgesamt 50 l. Auf 100 km verbraucht ihr Auto 9 l Super. Ermittle, wie oft sie auf dem Weg mindestens tanken werden.

____

____

____

____

Schriftlich addieren und subtrahieren

▶ Grundwissen

- Bei der schriftlichen Addition und Subtraktion ist zu beachten, dass
  - alle Zahlen ______________ untereinander geschrieben werden,
  - ______________ mit dem Addieren bzw. Subtrahieren begonnen wird und
  - der Übertrag jeweils in die ________ Spalte geschrieben wird.
- Mithilfe eines Überschlags solltest du prüfen, ob ______________________________

Beispiele:

Überschlag:	5	0	0	+	9	0	=	5	9	0
		5	3	1						
	+		8	7						
		1								
		6	1	8						

Überschlag:	2	4	0	–	1	4	0	=	1	0	0
	2	3	9								
	1										
–	1	4	3								
		9	6								

▶ **Auftrag:** Ergänze den Text.

Trainieren

1 Schreibe jeweils zuerst das Ergbnis des Überschlags auf. Addiere danach schriftlich.

a) ______________

		7	1	3	7
+			8	4	1

b) ______________

	5	4	8	9
+	6	7	5	2

c) ______________

	4	0	9	2	3
+	5	9	2	5	0

2 Überschlage zuerst. Subtrahiere danach schriftlich.

a) 9 000 – 8 000 = ______________

	9	2	5	9
–	8	1	0	4

b) 9 000 – 5 000 = ______________

	9	0	0	3
–	4	9	0	4

c) 80 000 – 70 000 = ______________

	7	7	0	6	3
–	6	9	0	1	4

d) 12 000 – 8 000 = ______________

	1	2	3	4	0
–		8	4	5	1

3 Schreibe jeweils zuerst das Ergebnis des Überschlags auf. Rechne danach schriftlich.

a) ______________

	8	9	7	3
+	8	2	8	2
+	8	8	1	0

b) ______________

	7	8	8	6
+	5	0	2	1
+	1	1	8	9

c) ______________

	8	9	9	2
+	5	2	3	0
+	1	4	2	3

d) ______________

	3	6	4	5
+		8	2	9
+	1	9	5	7

Vertiefen

4 Rechne schriftlich. Überschlage im Kopf und vergleiche mit deinem Ergebnis.

a) Eine Zahnradbahn fährt von der Talstation (712 m über dem Meeresspiegel) zum Zugspitzplatt (2 601 m über dem Meeresspiegel).
Berechne den Höhenunterschied.

Der Höhenunterschied beträgt ____________ m.

b) Die erste technisch nutzbare Glühbirne wurde von Edison im Jahr 1879 erfunden. Vor wie vielen Jahren war das?

Es war vor ____________ Jahren.

c) Eine Bibliothek hat bereits 47 530 Bücher. Es sollen 8 747 Bücher dazu gekauft werden. Wie viele Bücher sind es danach?

Danach sind es ____________ Bücher.

d) Ein neuer Fernseher kostet bei Mad-Markt 1 295 €. Das gleiche Gerät gibt es bei Sad-Markt für 979 €.
Wie viele Euro ist der Fernseher bei Sad-Markt preiswerter?

Bei Sad-Markt kostet der Fernseher ____________ weniger.

e) Ein Inter-City-Express (ICE) fuhr von Hamburg nach München.
In Hamburg war der Kilometerstand 345 678 km und in München 346 500 km.
Wie viel Kilometer ist der Zug gefahren?

Der Zug fuhr ____________

f) Im Stadion zahlen 17 896 Zuschauer an Kasse 1 ihren Eintritt, 7 855 an Kasse 2, 4 568 an Kasse 3 und 7 961 an Kasse 4.
Wie viele der 38 750 Karten wurden verkauft? Wie viele gibt es noch?

____________ Karten wurden verkauft.

Es gibt noch ____________ Karten.

5 In einem Erlebnisbad wurden in den Sommerferien die Besucher gezählt.

	Kinder, Jugendliche (Preis pro Tag: 5 €)	Erwachsene (Preis pro Tag: 9 €)
1. Woche	2 025	1 678
2. Woche	2 130	1 817
3. Woche	2 670	1 923
4. Woche	2 978	1 861
5. Woche	3 972	1 732
6. Woche	4 179	1 210
Summe:		

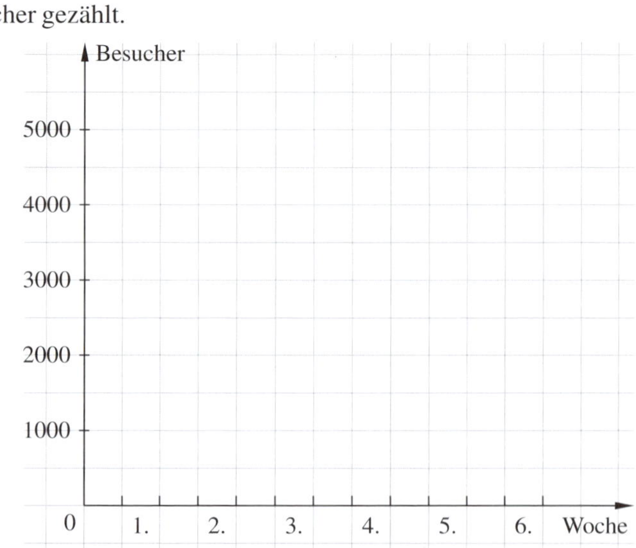

a) Veranschauliche rechts in einem Säulendiagramm, wie viele Besucher pro Woche im Erlebnisbad waren.

b) Ergänze in der Tabelle unten die Summen.

Rechengesetze

▶ Grundwissen

Beispiele:

- Klammern haben bei der Rechnung Vorrang. — 17 – (18 – 5) = ______
- Kommutativgesetz der Addition (K-Gesetz): In einer Summe darf die Reihenfolge der Summanden vertauscht werden. Der Wert der Summe ändert sich dabei nicht. — 17 + 39 = ______
- Assoziativgesetz der Addition (A-Gesetz): In einer Summe dürfen Klammern gesetzt oder weggelassen werden. Der Wert der Summe ändert sich dabei nicht. — 17 + (30 + 9) = ______

▶ Auftrag: Ergänze die Beispiele und berechne.

Trainieren

1 Rechne im Kopf.

a) 99 – 69 + 38 – 8 + 40 = ______
b) 220 + (122 – 72) + (39 + 61) = ______
c) (731 + 169) – (105 – 85) – 80 = ______
d) (68 + 42) – (17 + 23) + 40 = ______
e) [50 – (19 + 31)] + [132 – (50 + 18)] = ______
f) 258 – [53 – (36 + 7)] = ______

2 Rechne schriftlich auf einem zusätzlichen Blatt.

a) 89 – 39 + 58 – 18 + 45 – 100 = ______
b) 520 – (322 – 172) + (259 + 41) = ______
c) (1 499 – 80) – (998 – 198) – (85 – 80) = ______
d) (7 768 + 5 442) – (9 117 – 6 523) – 40 = ______
e) [350 – (39 + 77)] + [1 132 – (250 + 34)] = ______
f) [358 – 233 – (16 + 7)] – (127 – 25) = ______

3 Rechne mithilfe der Rechengesetze vorteilhaft im Kopf.

a) 23 + 936 + 477 + 164 = ______
b) 1645 + 777 + 355 = ______
c) (29 + 82) + 118 = ______
d) (735 + 923) + 265 = ______
e) [7 + (23 + 59)] + 41 = ______
f) [71 + (49 + 29)] + 51 = ______

4 Rechne schriftlich. Nutze Rechenvorteile.

a) 33 + 48 + 67 + 77 + 52 = ______
b) 215 + 77 + 385 + 23 = ______
c) 40 + (89 + 93) + 11 = ______
d) (1 935 + 3 911) + 2 265 = ______

5 Markiere gleichwertige Terme mit derselben Farbe.

626	(1 167 + 789) – 248	(1 167 – 789) + 248	1 167 + (789 – 248)	1 167 – (789 + 248)
1708	(789 – 248) + 1167	(1 167 + 248) – 789	(1 167 – 789) – 248	130

Vertiefen

6 Rechenbäume

a) Ergänze den Rechenbaum vollständig und gib den passenden Term an.

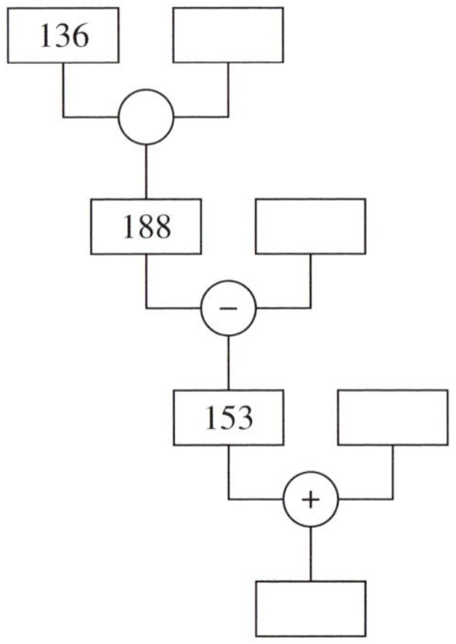

b) Erstelle einen Rechenbaum für den Term [(434 – 189) – 79] + 881 und berechne das Ergebnis.

7 Susanne hat auf ihrem Sparbuch bereits 373 € gespart. Zum Geburtstag bekommt sie von den Großeltern 40 € und einer Tante 15 € geschenkt. Davon kauft sie eine CD für 13 € und ein Taschenbuch für 9 €.
Für einen Kinobesuch muss sie 7 € bezahlen und 18 € gibt sie für ein T-Shirt aus.
Das Geld, das Susanne jetzt noch übrig hat, zahlt sie zusammen mit 27 € aus ihrem Sparschwein auf ihr Sparbuch ein.
Wie viel Guthaben hat Susanne jetzt auf ihrem Sparbuch? Berechne das Ergebnis vorteilhaft mithilfe eines einzigen Terms.

8 Wahr oder falsch?
Begründe jeweils deine Entscheidung.

a) Vertauscht man in einer Summe (bzw. Produkt) mit mehreren Summanden (bzw. Faktoren) die Reihenfolge der Summanden (bzw. Faktoren), so ändert sich das Ergebnis nicht. ☐ wahr ☐ falsch

b) Vertauscht man in einer Differenz mit mehreren Subtrahenden die Reihenfolge der Klammern, so ändert sich das Ergebnis nicht. ☐ wahr ☐ falsch

9 Welche Gründe gibt es, vorteilhaft zu rechnen? Nenne drei Vorteile, wenn du Rechengesetze sinnvoll anwendest.

10 Gib an, welches Rechengesetz veranschaulicht wird. Begründe.

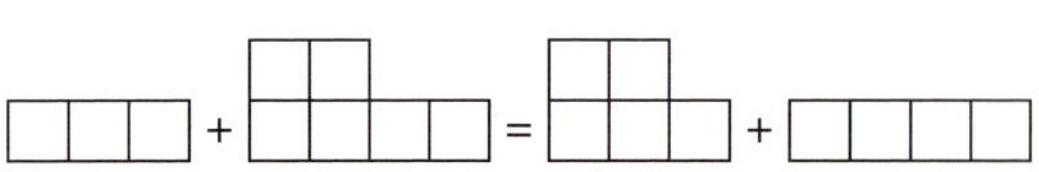

Ganze Zahlen addieren und subtrahieren

► Grundwissen

- Der Abstand einer Zahl von der Null auf der Zahlengeraden heißt Betrag dieser Zahl.
- Zwei ganze Zahlen mit gleichen Vorzeichen werden addiert, indem du die Beträge der Zahlen addierst. Das Vorzeichen der Summe ist gleich dem Vorzeichen der beiden Summanden.

  Beispiele: $+14 + (+63) =$ ________ $-22 + (-33) =$ ________
- Zwei ganze Zahlen mit verschiedenen Vorzeichen werden addiert, indem du vom größeren Betrag den kleineren Betrag subtrahierst.
  Das Vorzeichen der Summe ist gleich dem Vorzeichen der Zahl mit dem größeren Betrag.

  Beispiele: $+14 + (-63) =$ ________ $-22 + (+33) =$ ________
- Man subtrahiert eine ganze Zahl, indem man ihre Gegenzahl addiert.

  Beispiele: $+14 - (+63) =$ ________ $-22 - (-33) =$ ________

► Auftrag: Ergänze. Mit diesen Regeln und denen in deinem Buch kommst du zum gleichen Ergebnis.

Trainieren

1 Addiere.

a) $+380 + (+40) =$ ________ **b)** $-50 + (-723) =$ ________ **c)** $+66 + (+78) =$ ________

d) $-61 + (-534) =$ ________ **e)** $-97 + (+50) =$ ________ **f)** $+50 + (-87) =$ ________

g) $+606 + (-77) =$ ________ **h)** $-45 + (-90) =$ ________ **i)** $-333 + (+83) =$ ________

2 Subtrahiere.

a) $+387 - (+40) =$ ________ **b)** $+20 - (-803) =$ ________ **c)** $-660 - (+120) =$ ________

d) $-61 - (-401) =$ ________ **e)** $+97 - (+50) =$ ________ **f)** $-30 - (-87) =$ ________

g) $-606 - (+77) =$ ________ **h)** $-45 - (+90) =$ ________ **i)** $-30 + (-87) =$ ________

3 Setze passende Rechenzeichen ein.

a) $+40$ ☐ (-80) ☐ $(-20) = -60$ **b)** -77 ☐ $(+17)$ ☐ $(-30) = -30$ **c)** -100 ☐ (-80) ☐ $(-9) = -189$

d) -45 ☐ (-45) ☐ $(-3) = -3$ **e)** $+23$ ☐ (-53) ☐ $(+13) = 63$ **f)** $+75$ ☐ (-85) ☐ $(-25) = -35$

4 Ergänze die fehlenden Zahlen in den Additionsmauern.

Mauer 1 (von oben nach unten):

- −4
- ☐ ☐
- ☐ ☐ ☐
- ☐ ☐ ☐ ☐
- −34 | +3 | +9 | −7 | −8

Mauer 2 (von oben nach unten):

- +89
- ☐ | −45
- ☐ | ☐ | +6
- ☐ | ☐ | ☐ | −20
- +392 | ☐ | ☐ | ☐ | +7

Vertiefen

5 Frau Schmidt hat am Monatsanfang 1 755 € auf ihrem Konto. Im Laufe des Monats gab es folgende Kontobewegungen:
eine Abhebung von 225,00 € und eine von 150,00 € am Geldautomaten; eine Einzahlung von 950,00 €; eine Abbuchung der Miete von 325,00 € und eine Rückzahlung vom Finanzamt von 115 € für zu viel gezahlte Steuerbeträge. Kann Frau Schmidt am Monatsende die 2 300 € teure Sitzecke vom Geld auf dem Konto bezahlen?

6 Andrea, Manja, Sven und Martin haben Karten gespielt. Alle bemühten sich um möglichst viele Punkte. Wer belegt welchen Platz?

Andrea:	36 Minuspunkte;	18 Pluspunkte;	60 Pluspunkte
Manja:	18 Pluspunkte;	33 Minuspunkte;	36 Minuspunkte
Sven:	54 Minuspunkte;	48 Minuspunkte;	81 Pluspunkte
Martin:	88 Pluspunkte;	44 Minuspunkte;	54 Minuspunkte

7 Zeichne Wege vom Start zum Ziel ein, die jeweils von einem Kästchen in ein benachbartes Kästchen führen (z. B. von +12 entweder zu –24 oder zu –32). Durchlaufe kein Kästchen mehrmals.
Hinweis: Nutze ein zusätzliches Blatt, Bleistift und Radiergummi.

Start	+12	–24	+8	–5	+1	–9	–13	
	–32	+14	–4	+6	–12	+8	–12	
	+28	+16	+11	+1	–10	–5	–20	
	–4	–3	–13	+11	–4	+2	–13	
	–8	–10	+16	–20	+10	–22	13	**Ziel**

a) Finde einen Weg, der am Ziel eine Summe mit einem möglichst kleinen Betrag liefert.

b) Finde einen Weg, der am Ziel die Summe –30 liefert.

c) Finde einen Weg, der das Ergebnis –21 liefert, wenn jeweils die Zahl des durchlaufenen Kästchens vom letzten Ergebnis subtrahiert wird. Der erste Minuend ist +12.

Koordinatensystem

▶ Grundwissen

Ein Koordinatensystem besteht aus zwei zueinander senkrechten Achsen, der x-Achse und der y- Achse. Jede Achse ist gleichmäßig unterteilt.
Jeder Punkt P kann mit seinen Koordinaten $P(x\,|\,y)$ angegeben werden.

Beispiele: A (___ | ___)

B (___ | ___)

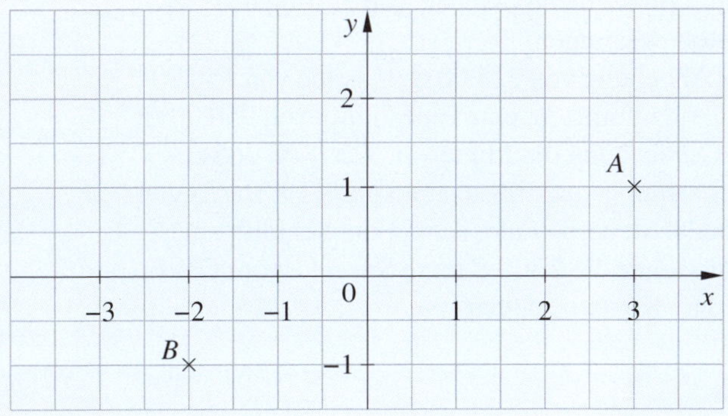

▶ **Auftrag:** Gib die Koordinaten von den Punkten A und B an.

Trainieren

1 Vervollständige die Angaben zu den im Koordinatensystem eingezeichneten Punkten.

A (1 | ___)	B (2 | ___)
C (3 | ___)	D (−2 | ___)
E (___ | ___)	F (___ | ___)
G (___ | ___)	H (___ | ___)
J (___ | ___)	___ (−3 | −1)
L (___ | ___)	___ (−1 | −2)
N (___ | ___)	___ (0 | 3)
P (___ | ___)	___ (2 | 0)

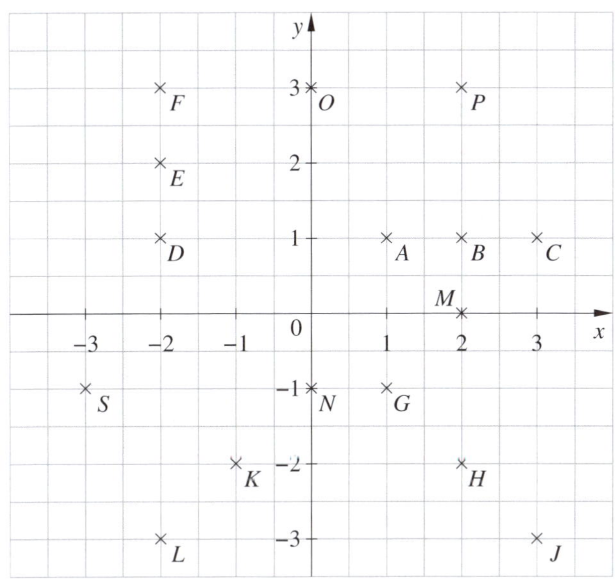

2 Zeichne die Punkte in das Koordinatensystem ein.

A (0 | 7) B (−5 | 4)
C (5 | 4) D (−2 | 3)
E (2 | 3) F (−6 | 1)
G (0 | 1) H (6 | 1)
J (0 | −1) K (−2 | −2)
L (2 | −2) M (−5 | −4)
N (5 | −4) O (0 | −5)

Beschreibe, wo alle Punkte mit $y = 0$ liegen.

____

____

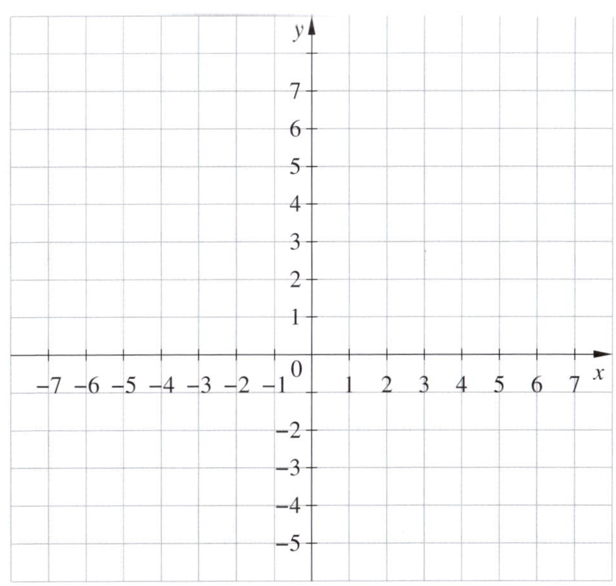

Vertiefen

3 ... im Koordinatensystem

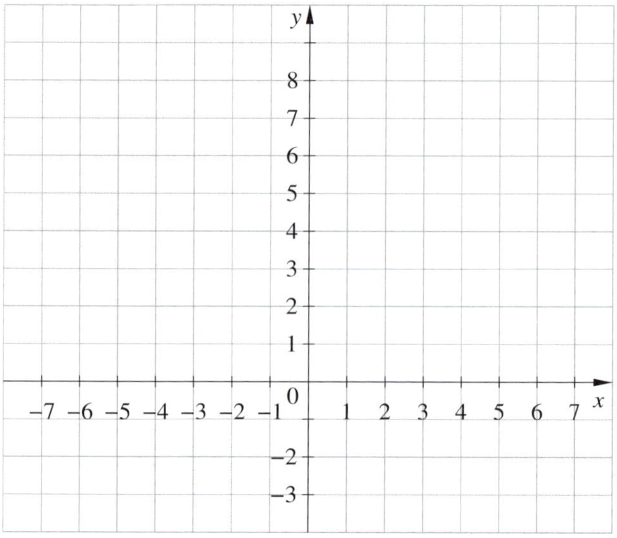

a) Trage folgende Punkte ins Koordinatensystem ein. Verbinde die Punkte in alphabetischer Reihenfolge und den Punkt M mit dem Punkt A.

$A(-5\mid-2)$	$F(1\mid3)$	$C(6\mid1)$
$J(-1\mid3)$	$E(3\mid3)$	$G(2\mid5)$
$H(0\mid5)$	$K(-4\mid3)$	$B(4\mid-2)$
$L(-4\mid1)$	$D(3\mid1)$	$M(-7\mid1)$

b) Welche Strecken verlaufen parallel zur x-Achse?

____

c) Welche Stecken verlaufen parallel zur y-Achse?

____

4 Kreis im Koordinatensystem

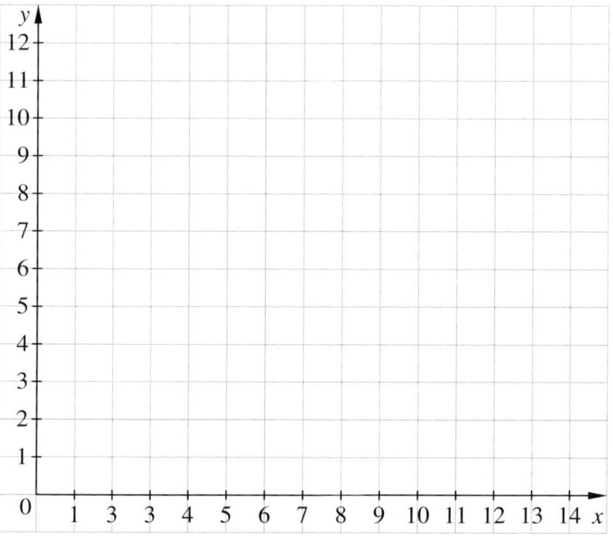

a) Trage zuerst die Punkte $A(7\mid6)$ und $B(11\mid6)$ in das Koordinatensystem ein.
Nimm die Länge der Strecke $\overline{AB}$ in die Zirkelspanne und zeichne damit einen Kreis um den Punkt A.

b) Gib den Radius und den Durchmesser des Kreises um Punkt A an.

Radius: ________ Durchmesser: ________

c) Ergänze.

Der Kreis um Punkt A und die Gerade durch …

– C(__ | __) und D(__ | __) haben keinen Punkt gemeinsam

– E(__ | __) und F(__ | __) haben einen Punkt gemeinsam

– G(__ | __) und H(__ | __) haben zwei Punkte gemeinsam

5 Orientierung auf einem Stadtplan

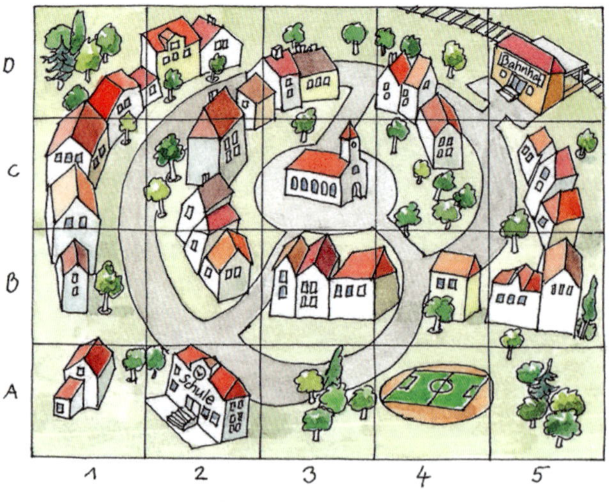

a) Überprüfe folgende Angaben und berichtige diese gegebenenfalls.

Die Kirche liegt im Planquadrat 3C. ____________

Die Schule liegt im Planquadrat 21. ____________

Der Bahnhof liegt im Planquadrat 5D. ____________

Der Sportplatz liegt im Planquadrat 5B. ____________

b) Welche Planquadrate sind zu durchqueren, wenn man auf dem kürzesten Weg von der Schule zum Bahnhof geht?

____

c) Formuliere eine weitere Aufgabe und löse diese.

____

Parallel und senkrecht zueinander

▶ Grundwissen

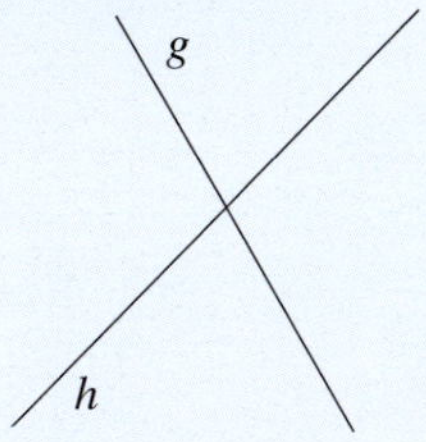

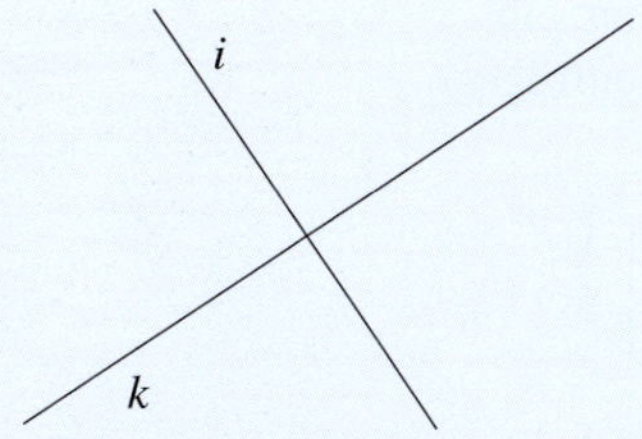

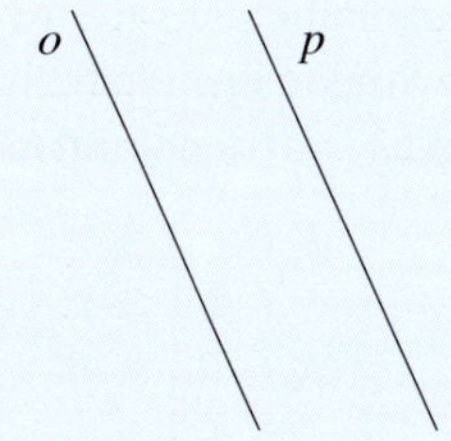

- Die Geraden g und h

____

____

- Die Geraden i und k

____

____

- Die Geraden o und p

____

____

▶ Auftrag: Vervollständige die drei Sätze.

Trainieren

1 Arbeite mit dem Geodreieck.

a) Welche der Geraden bzw. Strecken sind senkrecht zueinander?

____

____

b) Welche der Geraden bzw. Strecken sind parallel zueinander?

____

____

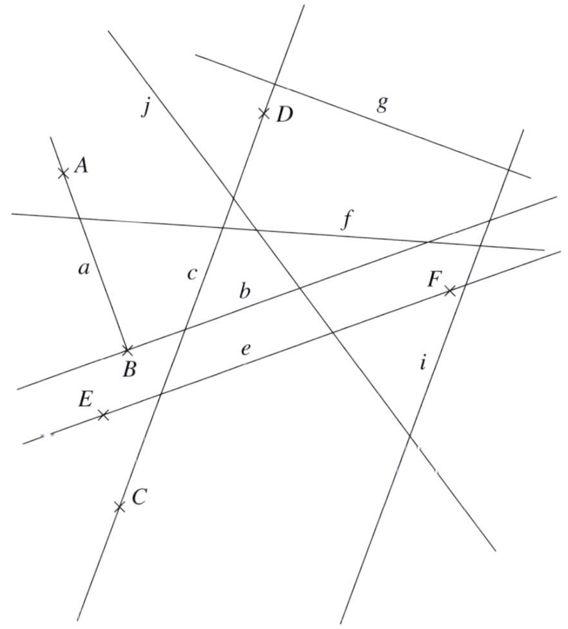

2 Zeichne rechts ein …

a) die Senkrechte zu AB durch den Punkt B

b) die Senkrechte zu AB durch den Punkt C

c) die Gerade AC

d) die Parallele zu AC durch den Punkt B

e) die Parallele zu AB durch den Punkt C

f) die Strecke $\overline{BC}$

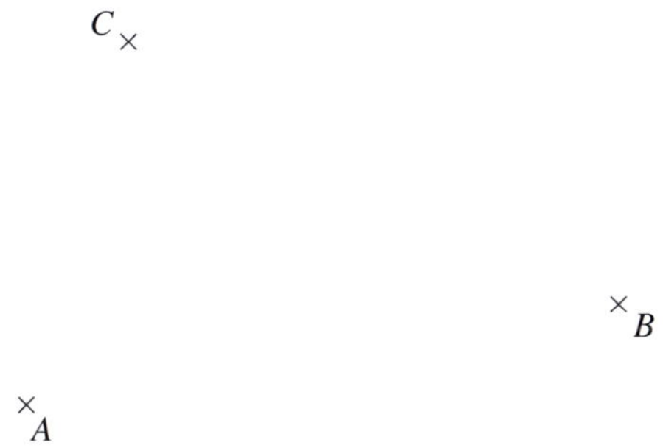

Vertiefen

3 Unterscheide zwischen Foto und Original

a) Auf dem Foto sind zwei Baumreihen zu sehen.
Sind diese parallel zueinander?
Sind die Wegränder parallel zueinander?

b) Ein gerades Stück Weg ist 15 m lang. Parallel zu diesem Weg werden links und rechts Bäume gepflanzt.
Der Weg ist ca. 25 dm Meter breit. Der Abstand der Bäume in einer Baumreihe beträgt jeweils rund 5 m.
Der Abstand der Bäume zum Wegrand beträgt 130 cm.
Veranschauliche die Situation mit Blick von oben in einer Zeichnung. Wähle 1 cm für 1 m.

Wie viele Bäume wären für ein doppelt so langes Stück Weg erforderlich?

4 Setze durch Zeichnen von Senkrechten und Parallelen folgende Muster bis zum rechten Rand fort.
Zusatzaufgabe: Male die entstandenen Bandornamente farbig aus.

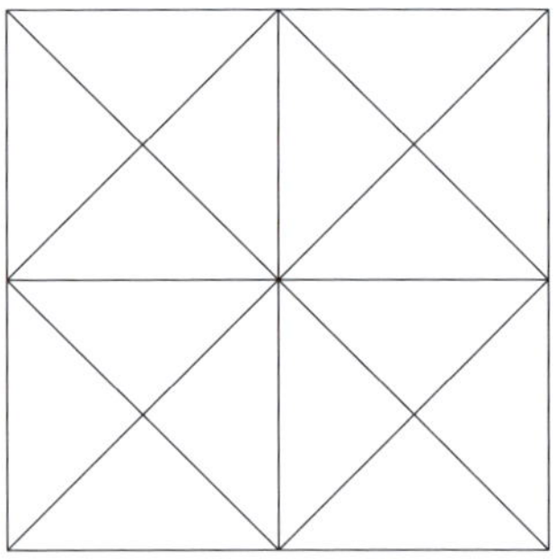

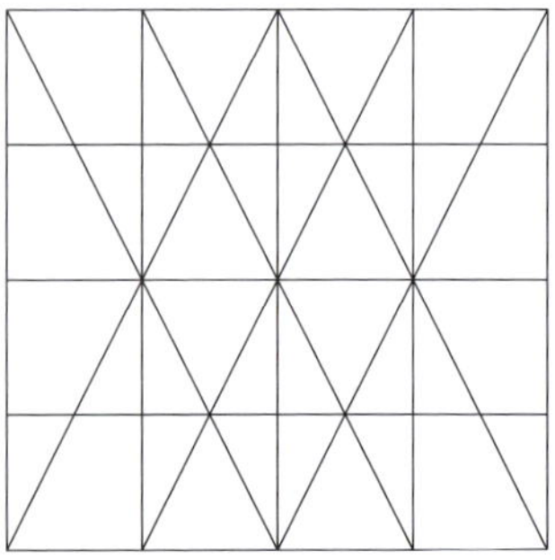

Vierecke

▶ Grundwissen

- Jedes Viereck mit vier gleich langen Seiten und vier rechten Winkeln ist ______
- Jedes Viereck mit vier gleich langen Seiten ist ______
- Jedes Viereck mit vier rechten Winkeln ist ______
- Jedes Viereck mit zwei Paaren paralleler Seiten ist ______
- Jedes Viereck mit einem Paar paralleler Seiten ist ______
- Jedes Viereck mit zwei Paaren gleich langer benachbarter Seiten ist ______

▶ **Auftrag:** Ergänze die Sätze. Trage jede Bezeichnung genau einmal ein.

Trainieren

1 Je zwei Seiten eines Vierecks sind gegeben. Ergänze zuerste die fehlenden Seiten und zeichne danach die Diagonalen ein.

a) Raute

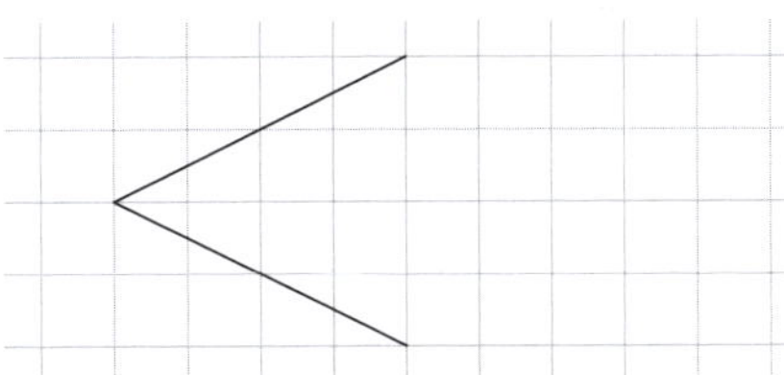

b) Rechteck

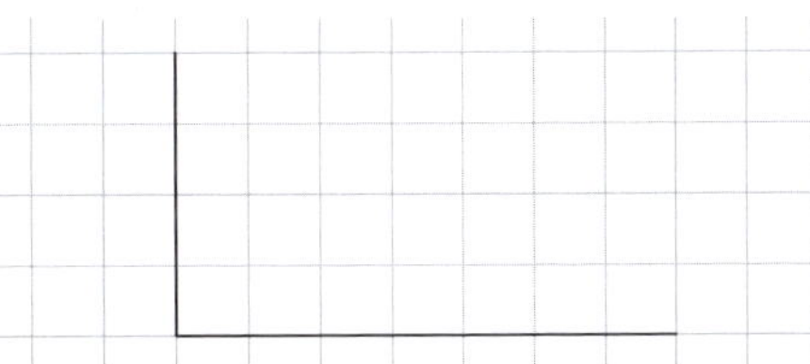

c) Quadrat

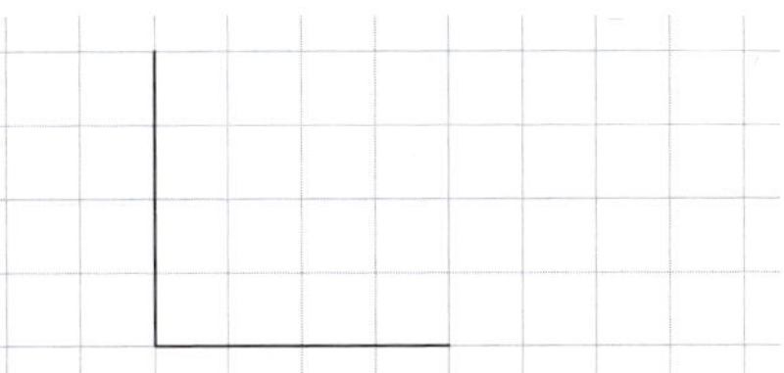

d) Drachenviereck

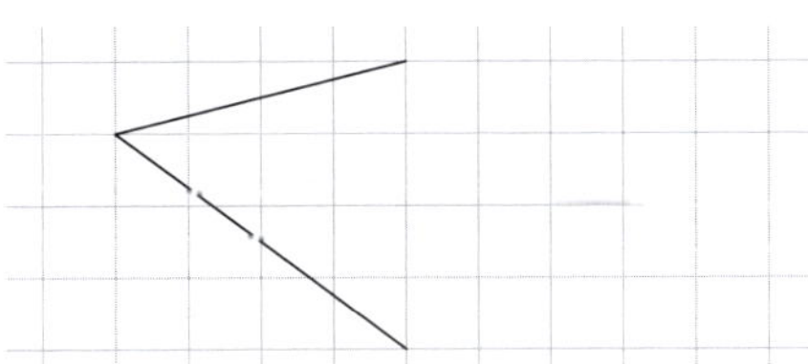

e) Trapez

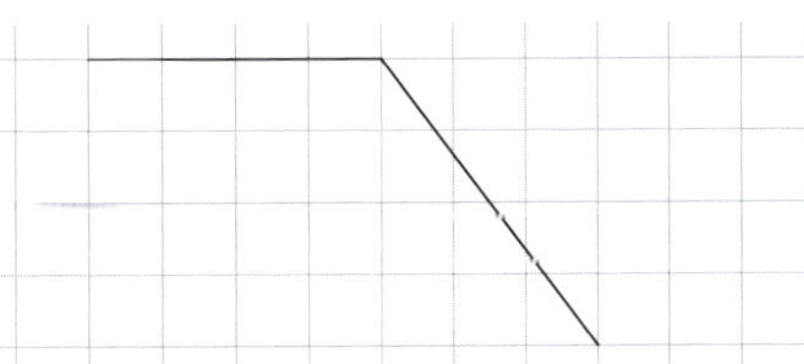

f) Parallelogramm

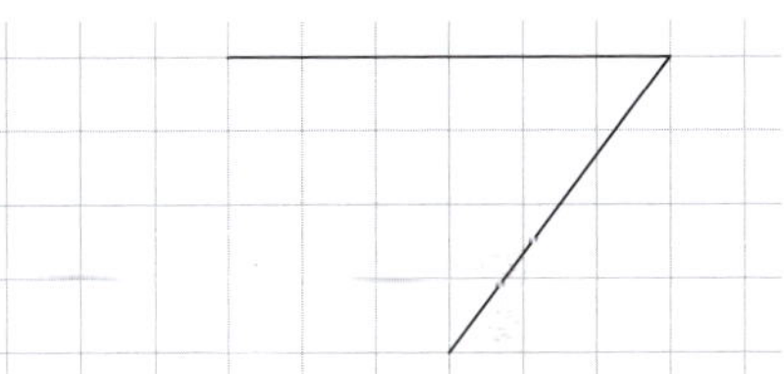

2 Benennen von Vierecken

a) Kreuze jeweils alle zutreffenden Bezeichnungen an.

	①	②	③	④	⑤	⑥	⑦	⑧
Quadrat								
Rechteck								
Parallelogramm								
Raute								
Trapez								
Drachenviereck								
Vierecke								

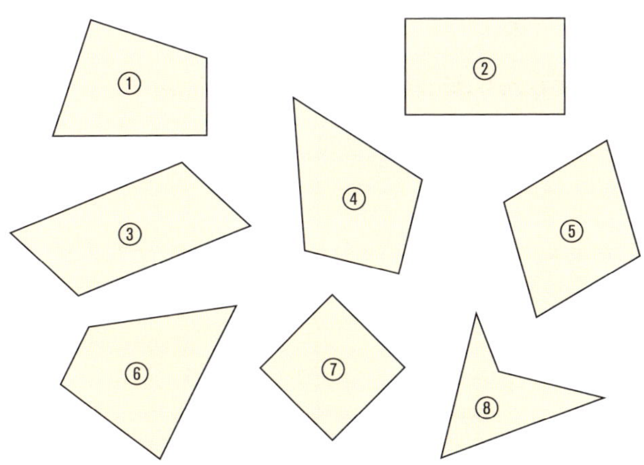

b) Wodurch unterscheidet sich eine Diagonale des Vierecks ⑧ von allen anderen?

______

Vertiefen

3 Schreibe die Koordinaten der Ecken des jeweiligen Vierecks auf. Jeder Punkt ist nur einmal zu nehmen.
Hinweis: Zeichne die Seiten ein.

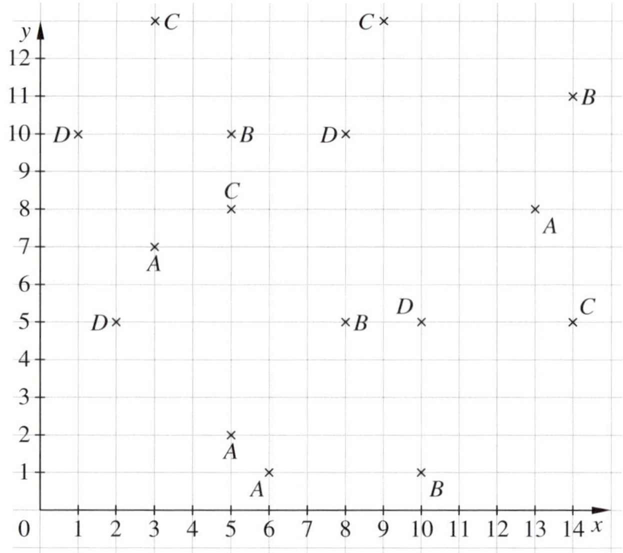

Quadrat:

Parallelogramm:

Rechteck:

Raute:

4 Gib jeweils die Anzahl der entsprechenden Vierecke in der Figur an.

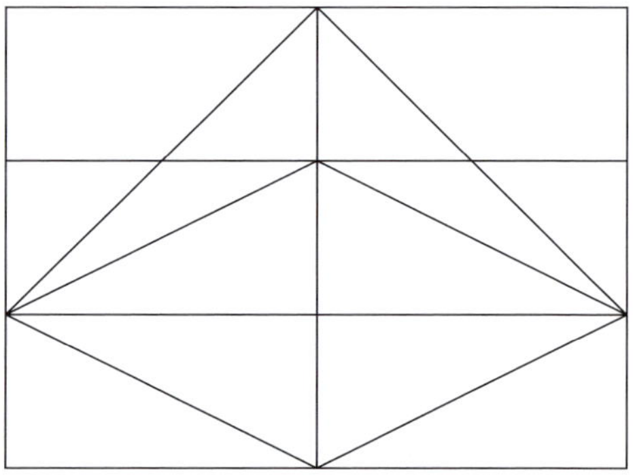

Quadrate: ______ Parallelogramme: ______

Rechtecke: ______ Drachenvierecke: ______

Rauten: ______

5 Ole möchte aus zwei Leisten und einem großen Bogen farbigem Papier einen Drachen bauen.
Die Leisten sind 50 cm bzw. 80 cm lang.
Die kürzere Leiste soll etwa 25 cm von der Spitze entfernt angebracht werden.
Der Bogen Papier ist 47 cm breit und 80 cm lang.
Untersuche, ob die vorhandenen Leisten und das Papier, so wie sie sind, für den Bau seines Drachens verwendet werden können. Zum Ausprobieren sind zwei Bogen vorgegeben.

Zwei Bogen farbiges Papier 80 cm × 47 cm

Winkel und Winkelarten

▶ Grundwissen

- Zwei Strahlen mit gemeinsamen Anfangspunkt bilden einen Winkel.
  Der Anfangspunkt heißt Scheitelpunkt (kurz Scheitel).
  Die beiden Strahlen heißen Schenkel des Winkels.

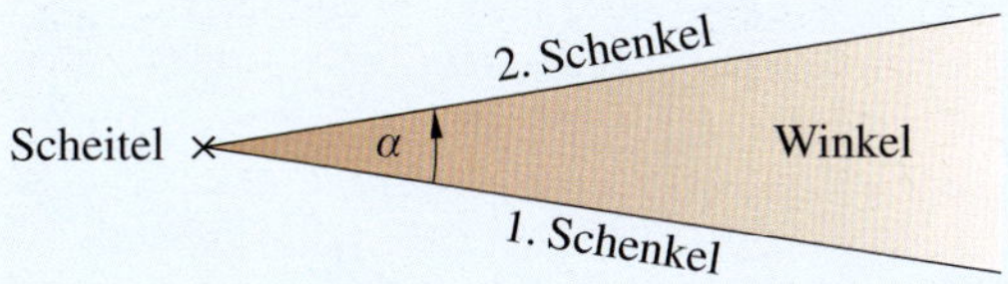

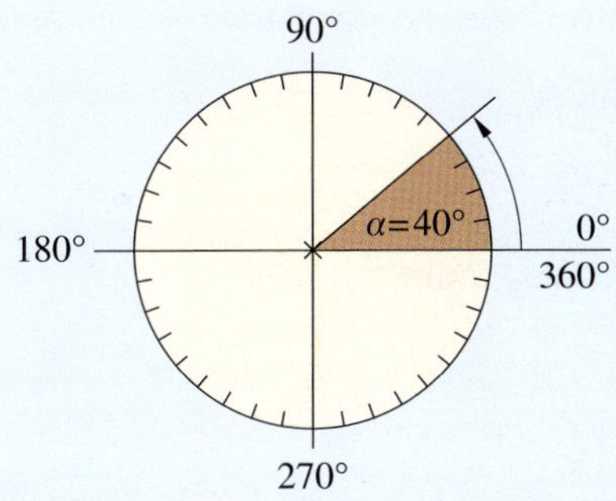

- Eine Einheit für die Größe eines Winkels ist Grad.
- Winkelarten im Überblick

  Ein Winkel, dessen Größe zwischen 0° und 90° liegt, heißt ______________________

  Ein Winkel, dessen Größe zwischen 90° und 180° liegt, heißt ______________________

  Ein Winkel, dessen Größe zwischen 180° und 360° liegt, heißt ______________________

  Ein Winkel, dessen Größe 0° beträgt, heißt ______________________

  Ein Winkel, dessen Größe 90° beträgt, heißt ______________________

  Ein Winkel, dessen Größe 180° beträgt, heißt ______________________

  Ein Winkel, dessen Größe 360° beträgt, heißt ______________________

▶ **Auftrag:** Ergänze die Winkelbezeichnungen.

Trainieren

1 Schätzen und markieren von Winkeln

a) Lege Farben fest und markiere entsprechende Winkel.

☐ rechte Winkel

☐ stumpfe Winkel

☐ spitze Winkel

☐ überstumpfe Winkel

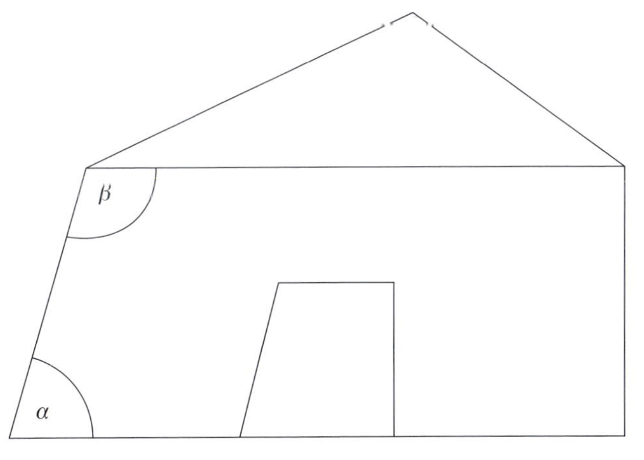

b) Schätze jeweils die Größe folgender Winkel.

$\alpha =$ ______________

$\beta =$ ______________

2 Ergänze jeweils zu einem Winkel mit der vorgegebenen Größe.

$\alpha = 60°$ $\beta = 36°$ $\gamma = 118°$ $\delta = 280°$

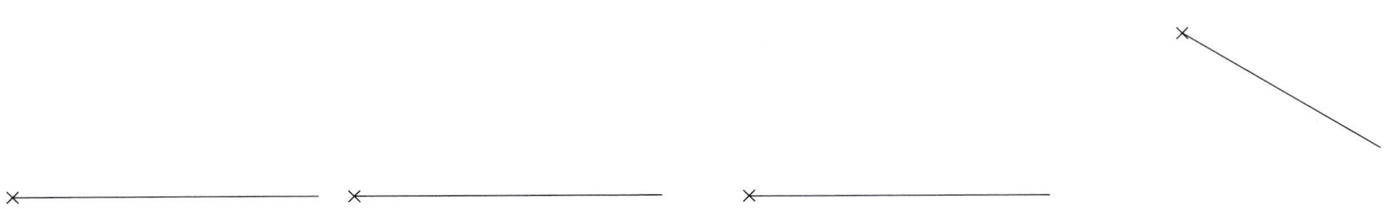

Vertiefen

3 Bei einem Billardspiel wird die weiße Kugel in die angegebene Richtung gestoßen.
Die Kugel prallt jeweils im gleichen Winkel von der Bande ab, wie sie auf die Bande trifft.
Welche Kugel wird nach drei Bandenberührungen von der weißen Kugel getroffen? Zeichne den Weg ein.

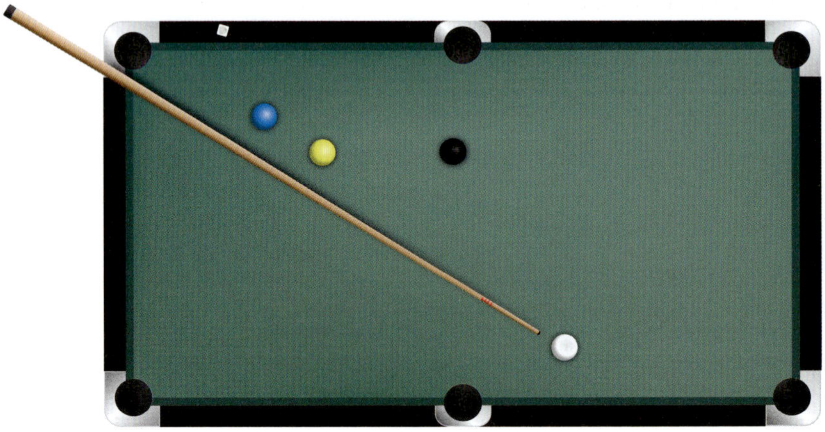

____

4 Gib die Größe der Winkel zwischen den Himmelsrichtungen an.

a) Norden und Westen ______________________

b) Süden und Nordwesten ______________________

c) Nordwesten und Osten ______________________

5 Ein Schiff fährt genau nach Westen. Gib die Fahrtrichtung des Schiffes nach folgenden Kursänderungen an.

a) 45° nach Norden ______________ b) 90° nach Süden ______________

c) 22,5° nach Norden ______________ d) 22,5° nach Süden ______________

6 Eine Treppe, deren Stufen 20 cm hoch sind und 1 m breit, soll mit einem Neigungswinkel von 32° gebaut werden.
Ermittle mithilfe einer maßstäblichen Zeichnung die Stufentiefe.

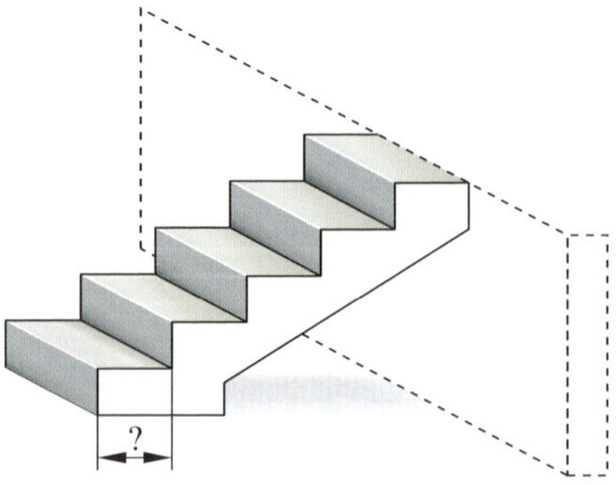

____

Im Kopf multiplizieren und dividieren

▶ Grundwissen

- Multiplizieren bedeutet so viel wie ______________________________
- Dividieren bedeutet so viel wie ______________________________
- Beim Multiplizieren dürfen Faktoren vertauscht werden. Dadurch ändert sich der Wert des __________ nicht.

▶ Auftrag: Trage folgende Begriffe an den richtigen Stellen ein:
teilen; verteilen; malnehmen; Produkt; vervielfachen; aufteilen.

Trainieren

1 Schreibe die Rechenausdrücke auf und berechne.

a) Multipliziere 3 mit 5. __________ **b)** Halbiere 8. __________

c) Dividiere 12 durch 3. __________ **d)** Verdreifache 7. __________

2 Multipliziere. Hinweis: Eine Potenz ist ein Produkt aus gleichen Faktoren, z. B. ist $3^4 = 3 \cdot 3 \cdot 3 \cdot 3 = 81$.

a) $30 \cdot 4 =$ ______ **b)** $20 \cdot 80 =$ ______ **c)** $66 \cdot 10 =$ ______ **d)** $11 \cdot 4 =$ ______

e) $17 \cdot 2 =$ ______ **f)** $3 \cdot 25 =$ ______ **g)** $6 \cdot 13 =$ ______ **h)** $45 \cdot 4 =$ ______

i) $11^2 =$ ______ **j)** $2^3 =$ ______ **k)** $4^3 =$ ______ **l)** $2^6 =$ ______

3 Dividiere.

a) 35 : 5 = ______ **b)** 160 : 8 = ______ **c)** 60 : 15 = ______ **d)** 540 : 90 = ______

c) 81 : 9 = ______ **f)** 420 : 2 = ______ **g)** 80 : 80 = ______ **h)** 400 : 5 – ______

4 Ergänze die fehlenden Zahlen in den Multiplikationsmauern.

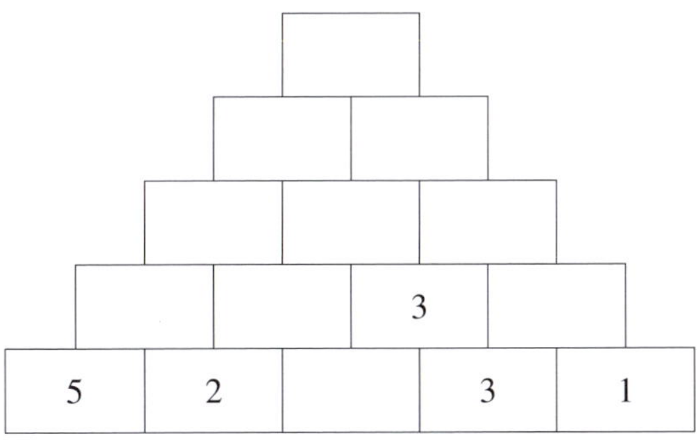

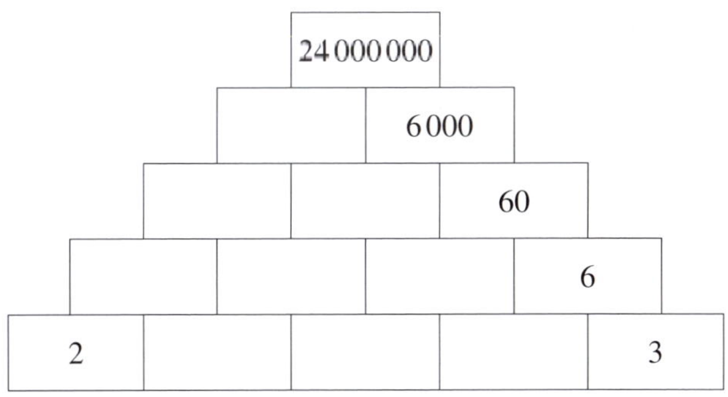

5 Ergänze die Tabelle.

a	12	80	36	11	18	25		
b	3	2					11	3
$a \cdot b$					108	125		
$a : b$			12	1			30	27

Vertiefen

6 Löse Zahlenrätsel. Gib zuerst die Gleichung an.

a) Mit welcher Zahl ist 8 zu multiplizieren, um 96 zu erhalten?

b) Durch welche Zahl ist 153 zu teilen, um 17 zu erhalten?

c) Durch welche Zahl ist 175 zu dividieren, um 5^2 zu erhalten?

d) Mit welcher Zahl ist 13^2 zu vervielfachen, um 338 zu erhalten?

e) Das Produkt welcher 3 aufeinander folgender Zahlen ist 720?

f) Das Produkt zweier Zahlen ist 154. Finde möglichst viele Lösungen.

7 Eine Fluggesellschaft hat 31 989 Buchungen für Flüge zu den Olympischen Spielen. Sie will 6 Jumbojets mit je 350 Plätzen einsetzen.
Jeder Jumbojet soll 15-mal fliegen.
Funktioniert dieser Plan? Begründe deine Antwort.

8 In einem Automobilwerk laufen stündlich rund 90 Autos vom Montageband.
Die Monteure arbeiten an fünf Tagen in der Woche, in drei Schichten zu je acht Stunden.

a) Berechne, wie viele Autos in einer Woche vom Montageband laufen.

b) Schätze ab, wie viele Autos in einem Jahr hergestellt werden können.

9 Ein rechteckiger Fußboden eines Bades soll gefliest werden. Von den großen quadratischen Fliesen passen in eine Reihe 7 Stück und man braucht 15 Reihen. Es werden nur Pakete mit je 12 Fliesen für 5,00 € angeboten.
Für spätere Reparaturen sollen 15 Fliesen übrig bleiben. Für eventuellen Verschnitt sind 10 Fliesen zu kaufen.
Veranschauliche zuerst den Sachverhalt. Berechne danach, wie viel Euro auszugeben sind.

Schriftlich multiplizieren und dividieren

▶ Grundwissen

Beispiele:

Überschlag:	4	0	0	·			=			
3	9	1	·	1	3					
		1		7	3					
		5			3					

Überschlag:	5	0	0	:			=			
5	4	0	:	4	5	=		2		
4	5									

▶ **Auftrag:** Ergänze.

Trainieren

1 Ordne mithilfe des Überschlags jeder Aufgabe ihr Ergebnis zu. Zeichne dazu Linien ein.

456 · 41 | 6336 : 33 | 941 · 87 | 744 : 12 | 3321 · 78 | 7615 : 5 | 458 · 8

192 | 259038 | 1523 | 18696 | 81867 | 62 | 1523 | 3664

2 Überschlage zuerst. Multipliziere danach schriftlich.

a) ______________ b) ______________ c) ______________

4784 · 3   13489 · 7   74456 · 6

d) ______________ e) ______________ f) ______________

5645 · 23   9646 · 67   30579 · 45

3 Überschlage zuerst. Dividiere danach schriftlich.

a) ______________ b) ______________ c) ______________

936 : 6 =   4743 : 9 =   5863 : 13 =

Vertiefen

4 In einer Gärtnerei sollen 3 648 Kakteen in Kästen zu je acht Stück verpackt werden.
Jeder gefüllte Kasten kostet 13,00 €. Berechne, wie viel Euro beim Verkauf aller Kästen eingenommen werden.

5 1 260 Paprikaschoten sollen in Netze zu je drei Stück verpackt werden. Jeweils 15 Netze kommen in eine Kiste.
Ermittle, wie viele Kisten dafür benötigt werden.

6 Herr Meier erfüllt sich seinen Traum und kauft sich ein sehr leichtes Rennrad zum Preis von 873,00 €. Er erbringt eine Anzahlung von 362,00 € und zahlt den Rest in monatlichen Raten zu 52,00 €. Berechne, wie viele Monate Herr Meier abzahlt, wenn keine Zinsen verlangt werden?

7 Ergänze die fehlenden Zahlen.
Rechne, wenn nötig, auf einem zusätzlichen Blatt schriftlich.

a) Die Summe in den Spalten, in den Zeilen und in den Diagonalen ist 396.

33		
	132	
	66	

b) Das Produkt in den Spalten, in den Zeilen und in den Diagonalen ist 4 096.

128		
	16	64

c) Zusatzaufgabe: Das Produkt in den Spalten, in den Zeilen und in den Diagonalen ist 32 768.

	32	

Rechengesetze

▶ Grundwissen

- Kommutativgesetz der Multiplikation (K-Gesetz): In einem Produkt darf die Reihenfolge der Faktoren vertauscht werden. Der Wert des Produkts ändert sich dabei nicht.
- Assoziativgesetz der Multiplikation (A-Gesetz): In einem Produkt dürfen Klammern gesetzt oder weggelassen werden. Der Wert des Produkts ändert sich dabei nicht.
- Distributivgesetz der Multiplikation (D-Gesetz): Eine Summe wird mit einer Zahl multipliziert, indem die Zahl mit jedem Summanden multipliziert wird und die Ergebnisse addiert werden.
- Potenzen haben Vorrang vor Punktrechnung und Punktrechnung hat Vorrang vor Strichrechnung.

Beispiele:

$19 \cdot 2 =$ ____________________

$(19 \cdot 2) \cdot 5 =$ ____________________

$4 \cdot (11 + 3) =$ ____________________

$40 - 2^3 \cdot 4 =$ ____________________

▶ **Auftrag:** Ergänze die Beispiele und berechne.

Trainieren

1 Rechne, wenn möglich, mithilfe der Rechengesetze vorteilhaft.
Hinweis: Versuche alle Aufgaben im Kopf zu lösen. Nutze gegebenenfalls zum Rechnen ein zusätzliches Blatt.

a) $17 \cdot 4 =$ ____________________
b) $(24 \cdot 5) \cdot 4 =$ ____________________
c) $3 \cdot (21 + 6) =$ ____________________
d) $(19 - 6) \cdot 2 =$ ____________________
e) $5^2 - 3 \cdot 4 =$ ____________________
f) $2^2 \cdot 12 - 8 =$ ____________________
g) $25 \cdot 101 =$ ____________________
h) $1000 : 25 =$ ____________________
i) $5 \cdot 507 =$ ____________________
j) $5 \cdot 507 \cdot 2 =$ ____________________
k) $11 \cdot 4 \cdot 1250 =$ ____________________
l) $32 \cdot (199 - 188) =$ ____________________
m) $7 \cdot 32 - 7 \cdot 22 =$ ____________________
n) $45 \cdot 9 + 25 \cdot 9 =$ ____________________
o) $4 \cdot 51 + 9 \cdot 4 =$ ____________________
p) $7 \cdot 32 + 7 \cdot 50 + 7 \cdot 18 =$ ____________________
q) $12 + 12 : 3 =$ ____________________
r) $(12 + 12) : 3 =$ ____________________
s) $24 + 6 \cdot 2^2 =$ ____________________
t) $3^3 + 2 \cdot 3^3 =$ ____________________

2 Schreibe jeweils mindestens eine Aufgabe auf, die mithilfe des Rechengesetzes schneller gelöst werden kann.
Hinweis: Kontrolliert die Vorschläge gegenseitig.

Kommutativgesetz der Multiplikation: ____________________

Assoziativgesetz der Multiplikation: ____________________

Distributivgesetz: ____________________

Vertiefen

3 Rechne mithilfe von Rechengesetzen vorteilhaft. Schreibe einen Zwischenschritt auf.

a) $8 \cdot 13 \cdot 125 \cdot 13 =$ ______

b) $75 \cdot 15 \cdot 20 \cdot 4 =$ ______

c) $12 + 12 \cdot 7 =$ ______

d) $2 \cdot (17 + 79) \cdot 5 =$ ______

e) $3^2 \cdot 21 + 9 \cdot 36 + 3^3 =$ ______

f) $20 \cdot 167 + 13 \cdot 20 + 20^2 =$ ______

4 Löse die Zahlenrätsel. Gib zuerst die Gleichung an. Hinweis: Nutze zum Rechnen ein zusätzliches Blatt.

a) Mit welcher Zahl ist die Summe aus 2 und 5 zu multiplizieren, um 84 zu erhalten? ______

b) Durch welche Zahl ist die Differenz aus 151 und 19 zu dividieren, um 33 zu erhalten? ______

c) Mit welcher Zahl ist die Potenz aus 2 hoch 5 zu multiplizieren, um 1 024 zu erhalten? ______

d) Welche Zahl ist zur Differenz aus 111 und 89 zu addieren, um die Hälfte von 128 zu erhalten? ______

e) Wie oft ist die Zahl 3 mit sich selber zu multiplizieren, um das Produkt aus 27 und 3 zu erhalten? ______

f) Das Produkt einer Summe von drei natürlichen Zahlen mit 13 ergibt 195.
Welchen Wert hat die Summe?
Gib drei verschiedenen Möglichkeiten für die Summe an, wenn nur ungerade verschiedenen Summanden vorkommen dürfen.

______

5 Für eine Veranstaltung im alten Theatersaal mit 550 Sitzplätzen sind im Vorverkauf 449 Karten und die Restkarten an der Abendkasse verkauft worden. Im Vorverkauf kostete eine Karte 9,00 € und 1,00 € Vorverkaufgebühr, an der Abendkasse 11,00 €.

Wie hoch waren die Einnahmen der Veranstalter, wenn die Saalmiete 1 000 € beträgt?

Schreibe einen einzigen Term auf, der alle Angaben enthält und mit dem du das Ergebnis berechnen kannst. Nutze Rechenvorteile.

______

______

______

______

______

Zufallsversuche mit Baumdiagrammen beschreiben

▶ Grundwissen

- Im Baumdiagramm können alle Ergebnisse eines Zufallsexperimentes genau einmal dargestellt werden.
- Durch Multiplizieren der Anzahl der Möglichkeiten jeder Stufe erhält man die Anzahl der möglichen Ergebnisse.

Beispiel:
Martin (M), Alexander (A) und Klaus (K) überlegen, wer beim Staffellauf als Erster, Zweiter bzw. Dritter startet.
Dafür veranschaulichen sie alle Möglichkeiten genau einmal.
Anzahl der Möglichkeiten:
$3 \cdot 2 \cdot 1 = 6$

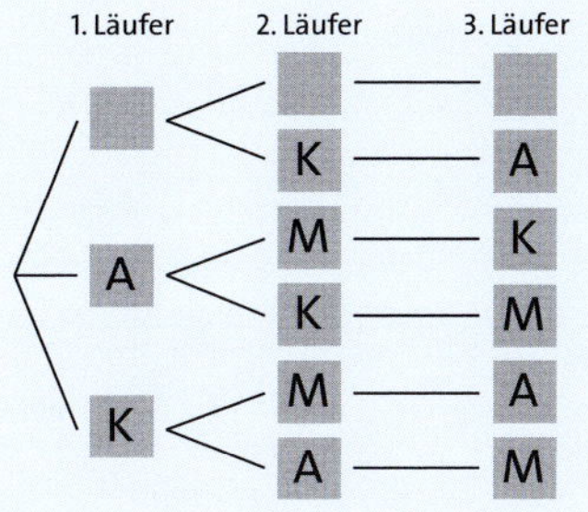

Variante 1: ____________________
Variante 2: Martin – Klaus – Alexander
Variante 3: Alexander – Martin – Klaus
Variante 4: Alexander – Klaus – Martin
Variante 5: Klaus – Martin – Alexander
Variante 6: Klaus – Alexander – Martin

▶ **Auftrag:** Ergänze Variante 1.

Trainieren

1 Jeder der drei Streifen der Flagge des Sportclubs Tricolor soll eine andere Farbe haben.
Schwarz, Grün, Blau und Rot stehen zur Verfügung.

a) Veranschauliche im Baumdiagramm alle Möglichkeiten.
Färbe dazu die Teile der Flaggen ein.

b) Berechne die Anzahl der Möglichkeiten.

____

____

____

c) Zeichne die drei am besten aussehenden Flaggen etwas größer.

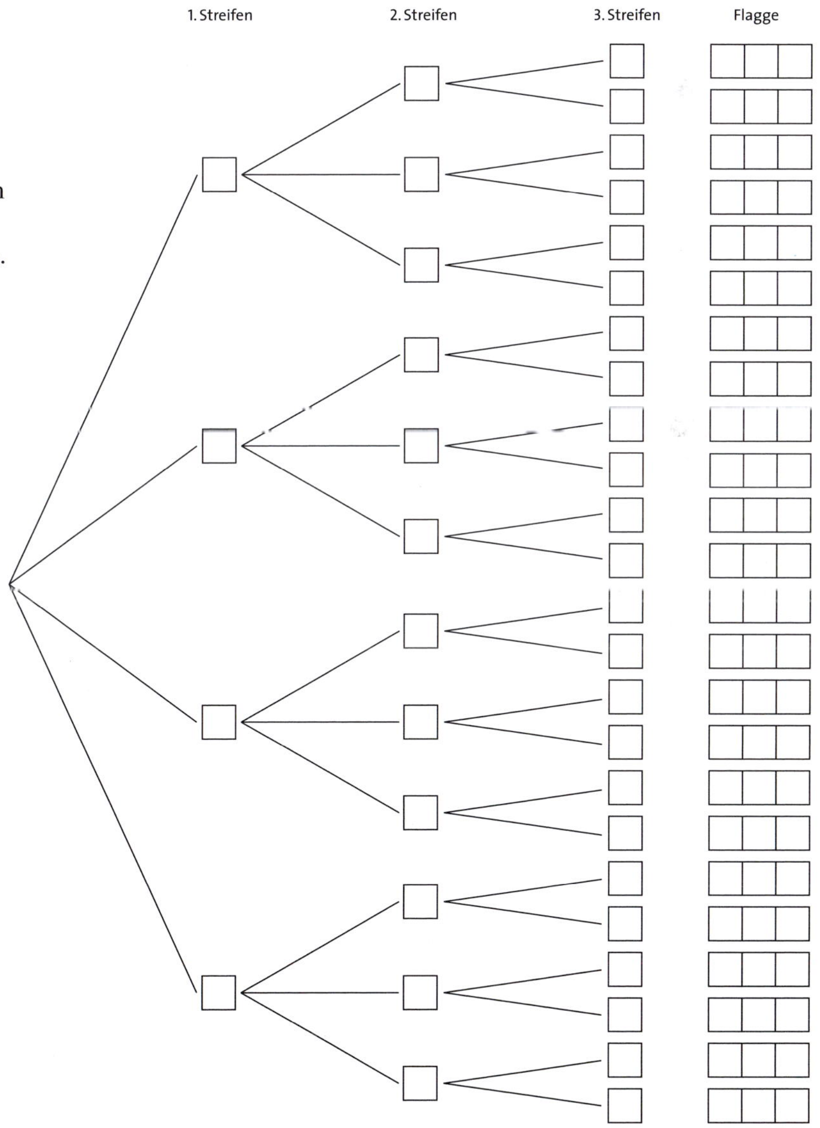

Vertiefen

2 Anordnen von Buchstaben

a) Stelle im Baumdiagramm alle Möglichkeiten, die Buchstaben O, R und T nacheinander anzuordnen, dar. Notiere rechts daneben die Möglichkeiten und markiere alle Anordnungen, die ein sinnvolles Wort ergeben.

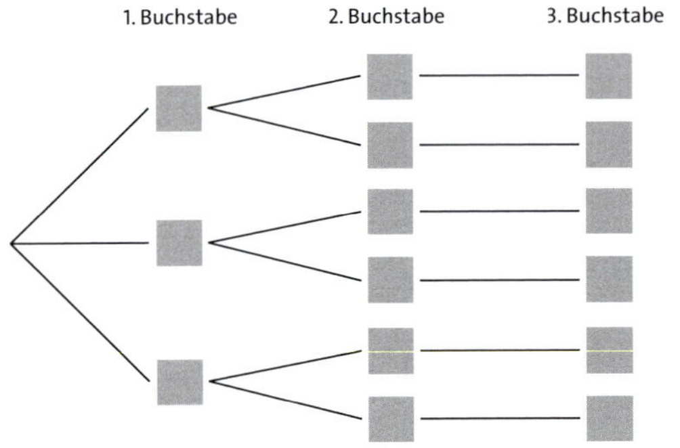

b) Wahr oder falsch? Kreuze an und begründe kurz deine Entscheidung.

Nadja sagt: „Genau vier sinnvolle Wörter mit nur zwei Buchstaben können aus den fünf Buchstaben gebildet werden.“ ☐ wahr ☐ falsch

Mila sagt: „Es gibt 20 Möglichkeiten, je zwei der Buchstaben zu kombinieren.“ ☐ wahr ☐ falsch

Walid sagt: „Es gibt 120 Möglichkeiten, alle fünf Buchstaben zu kombinieren.“ ☐ wahr ☐ falsch

3 Anna sagt: „Ich habe drei Geschwister. Mindestens eins davon ist ein Bruder.“
Stefanie sagt: „Ich habe auch drei Geschwister. Das jüngste ist ein Bruder.“
Finde mithilfe eines Baumdiagramms heraus, wer von beiden vermutlich eher mindestens zwei Brüder haben kann. Begründe deine Meinung.
Hinweis: Schreibe jeweils „J“ für Bruder bzw. Junge und „M“ für Schwester bzw. Mädchen.

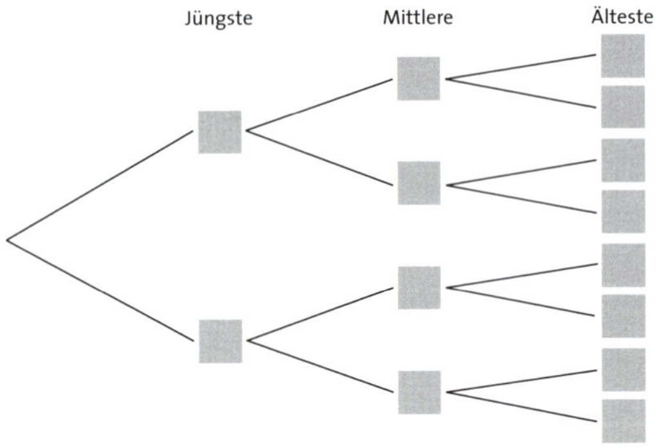

Geschwister nach dem Alter sortiert von Anna:

Geschwister nach dem Alter sortiert von Stefanie:

Multiplikation und Division ganzer Zahlen

Vorzeichenregeln

▶ Grundwissen

- Zwei ganze Zahlen mit gleichem Vorzeichen werden multipliziert bzw. dividiert, indem man die Beträge der Zahlen multipliziert bzw. dividiert.
  Das Vorzeichen des Ergebnisses ist „+".

  Beispiele: $(+14) \cdot (+20) = +(14 \cdot 20) =$ ______ $(-22) : (-11) =$ __ (______) = ______

- Zwei ganze Zahlen mit verschiedenen Vorzeichen werden multipliziert bzw. dividiert, indem man die Beträge der Zahlen multipliziert bzw. dividiert.
  Das Vorzeichen des Ergebnisses ist „–".

  Beispiele: $(+21) \cdot (-7) = -(21 \cdot 7) =$ ______ $(-36) : (+3) =$ __ (______) = ______

▶ Auftrag: Ergänze die Beispiele.

Trainieren

1 Multipliziere.

a) $(+8) \cdot (-4) =$ ______ b) $(-5) \cdot (-12) =$ ______

c) $(+66) \cdot (+3) =$ ______ d) $(-65) \cdot (-4) =$ ______

e) $(-99) \cdot (-2) =$ ______ f) $33 \cdot (+3) =$ ______

g) $106 \cdot 7 =$ ______ h) $-45 \cdot (-11) =$ ______

2 Dividiere.

a) $(-36) : (-4) =$ ______ b) $(+200) : (+50) =$ ______

c) $(-360) : (+120) =$ ______ d) $610 : (-61) =$ ______

e) $-90 : (+30) =$ ______ f) $-30 : (-6) =$ ______

g) $-630 : (+7) =$ ______ h) $90 : (-90) =$ ______

3 Ergänze die fehlenden Zahlen in den Multiplikationsmauern.

30 000			
−3	−5	2	10

−1 080			
	+60		
		−10	
1			5

4 Entscheide, ob das Ergebnis „kleiner als null" oder „größer als null" ist.

a) $-99 \cdot (-2) \cdot 200 : (+50)$ ☐ 0 b) $-396 : (-3) \cdot 256 : (-55)$ ☐ 0

c) $-458 : (-2) \cdot 295 : (-25)$ ☐ 0 d) $99 \cdot (-2) : 200 \cdot 50$ ☐ 0

e) $-789 \cdot (-13) \cdot (-262) : (-3)$ ☐ 0 f) $-574 \cdot (-17) : 20 : (-5)$ ☐ 0

Vertiefen

5 13 Schülerinnen und Schüler der Klasse 5b haben bei ihrer Klassenlehrerin noch nicht die 4,50 € Schulden für den Kinobesuch in der letzten Woche beglichen.

a) Wie viel Euro Schulden haben sie zusammen bei ihrer Klassenlehrerin?

b) Sabine möchte für sich, ihre Schwester und eine Freundin mit einen 20-€-Schein den Kinobesuch bezahlen. Berechne, wie viel Wechselgeld Sabine bekommt.

6 Markiere alle Fehler und ermittle das richtige Ergebnis.

a) $2 \cdot (11 - 7) \cdot (45 + 45) = 22 - 7 \cdot 90 = 15 \cdot 90 = 1\,350$

b) $-45 : (-3 + 7 + 5) - (-51) = 45 : 6 - 51 = 45 : (-45) = -1$

c) $100 - (65 \cdot 2 - 80) : (-75 : 3) = 100 - 50 : (-25) = 98$

7 Carola, Nadine und Lisa haben beim Schulfest an einem Stand Kuchen verkauft.
Leider regnete es während des Schulfestes sehr oft, weshalb weniger Gäste als im letzten Jahr kamen und nicht alles verkauft werden konnte. Die drei Schülerinnen nahmen insgesamt 86,50 € ein. Für den Stand mussten sie jedoch 5,00 € zahlen und für den Kuchen fielen zuvor 50,00 € an.
Den restlichen Kuchen und den Gewinn wollen sie gleichmäßig aufteilen.
Berechne, wie viel jedes Mädchen vom Gewinn erhält.

8 Berechne.

a) $(-3)^3 =$ ______ **b)** $-7^2 =$ ______ **c)** $(-5)^2 =$ ______ **d)** $-(-4)^3 =$ ______

9 Gib die Gleichung an und die Lösung des Zahlenrätsels.

a) Der Wert des Quotienten einer Zahl dividiert duch −2 ist 18. ______

b) Die Division von −48 durch die Zahl ergibt −16. ______

Verbindung der Grundrechenarten

▶ **Grundwissen**

- Für ganze Zahlen gelten dieselben Rechenregeln und Rechengesetze wie für natürliche Zahlen.
- Kommutativgesetze der Addition: $a + b = b + a$
- Kommutativgesetze der Multiplikation: $a \cdot b = b \cdot a$
- Assoziativgesetz der Addition: $(a + b) + c = a + (b + c)$
- Assoziativgesetz der Multiplikation: $(a \cdot b) \cdot c = a \cdot (b \cdot c)$
- Distributivgesetz: $a \cdot (b + c) = a \cdot b + a \cdot c$

Beispiele:

$4 + 2^3 : (-5 + 3) = -4 + 8 : (-2) =$ ______

$-5 + 6 =$ ______

$(-3) \cdot 13 =$ ______

$(-4 + 6) - 6 =$ ______

$(7 \cdot 25) \cdot (-4) =$ ______

$-4 \cdot (15 + 3) =$ ______

▶ **Auftrag:** Ergänze die Beispiele und berechne.

Trainieren

1 Rechne im Kopf.

a) $4 \cdot 8 : 2 =$ ______

b) $120 : 4 \cdot 3 =$ ______

c) $7^2 : 7 : 7 =$ ______

d) $120 : (4 \cdot 3) =$ ______

e) $(-40) \cdot 5 \cdot (-6) =$ ______

f) $(-6) \cdot (-10) \cdot 4 \cdot (-15) =$ ______

2 Rechne im Kopf. Nutze Rechenvorteile.

a) $24 \cdot 8 + 8 \cdot 26 =$ ______

b) $125 \cdot 3 \cdot 6 \cdot (-8) =$ ______

c) $(-4) \cdot 665 - (-4) \cdot 65 =$ ______

d) $6 \cdot (-10) + (-15 : 3) \cdot 6 =$ ______

3 Rechne schriftlich auf einem zusätzlichen Blatt.

a) $3660 : 12 - 5317 : 13 =$ ______

b) $155 \cdot 4 - 518 \cdot (-5) =$ ______

c) $64 : 2^3 - 36 : (-3) =$ ______

d) $16 \cdot 4^2 - 5^2 \cdot 4 =$ ______

e) $-12 - 6 \cdot (45 - 30) =$ ______

f) $3^4 - 3^2 \cdot 3 + (-3)^3 =$ ______

g) $(-11)^2 \cdot [14 : 7 - (-3)]^2 =$ ______

h) $16 \cdot 4^2 - 5^2 \cdot 4 =$ ______

i) $[50 + (-11 - 39)] : [35 - 28 : 7] =$ ______

j) $88 \cdot [63 - (6^2 + 27)] =$ ______

4 Rechne schriftlich auf einem zusätzlichen Blatt. Nutze Rechenvorteile.

a) $9753 \cdot 12 - 4927 \cdot 12 =$ ______

b) $(143 + 57) \cdot 4 - (111 + 89) \cdot (-5) =$ ______

c) $144 \cdot (-37) + 12^2 \cdot (51 - 86) =$ ______

d) $(895 + 1079) : (617 - 523) - 8 =$ ______

Vertiefen

5 Emmas Schachmannschaft besteht zurzeit aus 14 Mitgliedern. Zum Jahresabschluss sind noch 303,96 € in der gemeinsamen Kasse.
Jedes Kind außer Emma und Ulf erhält vom Trainer zur Erinnerung ein T-Shirt. Die beiden haben bereits derartige T-Shirts und erhalten deshalb eine Tasche. Der Rest des Geldes soll für den bereits geplanten gemeinsamen Ausflug aufgehoben werden.
Jedes T-Shirt kostet 17,00 € und eine Tasche nur 14,00 €.

Emma rechnet: $30\,396 - 12 \cdot 1700 - 2 \cdot 1400 : 14 = \ldots$
Sie kommt zu dem Ergebnis, dass für jeden noch 138,00 € zur Verfügung stehen und wundert sich darüber.

Ulf rechnet: $30\,396 - (1700 \cdot 12 + 1400 \cdot 2) : 14 = \ldots$
Er kommt zu dem Ergebnis, dass für jeden noch rund 327,43 € zur Verfügung stehen und wundert sich darüber.

a) Andere Mitglieder kamen zu folgenden Ergebnissen.
Ermittle mithilfe des Überschlags, welches Ergebnis richtig sein kann. Kreuze entsprechend an.

☐ Anna: 74 ct ☐ Maria: 514 ct ☐ Erik: 7,58 € ☐ Max: 14,71 €

b) Verändere mindestens einen der beiden Rechenansätze so, dass man zum richtigen Ergebnis kommt.
Ermittle, wie viel für jedes Mitglied zur Verfügung steht.

6 Rechenbäume

a) Ergänze den Rechenbaum und gib den passenden Term an.

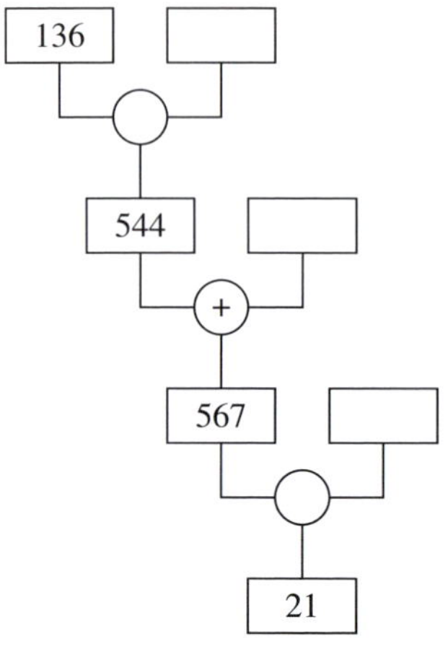

b) Erstelle einen Rechenbaum für den Term $(91 - 19) : (3^2 + 15)$ und berechne das Ergebnis.

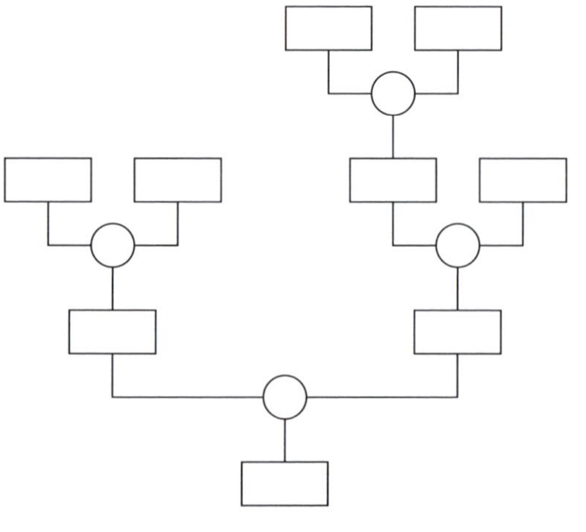

Masse

▶ Grundwissen

Einheiten	Umrechnung	Beispiel
Tonne (t)	1 t = ______ kg	Pkw; ____________ Schüler der Klasse
Kilogramm (kg)	1 kg = ______ g	____________
Gramm (g)	1 g = ______ mg	____________
Milligramm (mg)		____________

▶ **Auftrag:** Ergänze die Größenangaben.

Trainieren

1 In welcher Einheit ist es jeweils sinnvoll, die Masse (Gewicht) der Tiere anzugeben?

a) Katze: ____________ b) Hund: ____________

c) Hamster: ____________ d) Elefant: ____________

e) Mücke: ____________ f) Maus: ____________

2 Wandle jeweils in die gegebene Einheit um.

a) 8 t = ______ kg b) 50 g = ______ mg c) 78 kg = ______ g

d) 300 kg = ______ g e) 7 000 t = ______ kg f) 25 000 mg = ______ g

g) 300 000 g = ______ kg h) 7 000 mg = ______ g i) 400 000 000 mg = ______ kg

3 Berechne.

a) 2 t + 300 kg = ______ t b) 75 kg + 250 g = ______ kg c) 7 g – 800 mg = ______ g

d) 8 kg + 50 g = ______ kg e) 80 g – 20 mg = ______ g f) 1 t + 7 kg = ______ t

g) 8 t – 560 kg = ______ kg h) 78 g + 50 mg = ______ mg i) 100 kg + 23 g = ______ kg

4 Gib das Ergebnis jeweils in zwei Einheiten an.

a) 120 kg + 800 g = ____________ b) 77 t – 500 kg = ____________

c) 1,5 kg – 250 g = ____________ d) 80 g + 75 mg = ____________

5 Ordne die Massen nach der Größe.
Beginne mit dem kleinsten Wert.

a) 7 kg; 107 kg; 0,7 kg; 17 kg; 7 100 g   ☐ < ☐ < ☐ < ☐ < ☐

b) 333 g; 33,033 mg; 3,033 g; 30,033 g   ☐ < ☐ < ☐ < ☐

c) 54 540 kg; 45 450 kg; 45,540 t; 54,054 t   ☐ < ☐ < ☐ < ☐

Vertiefen

6 Begründe, warum nur eine der beiden Zeichnungen nicht richtig ist.

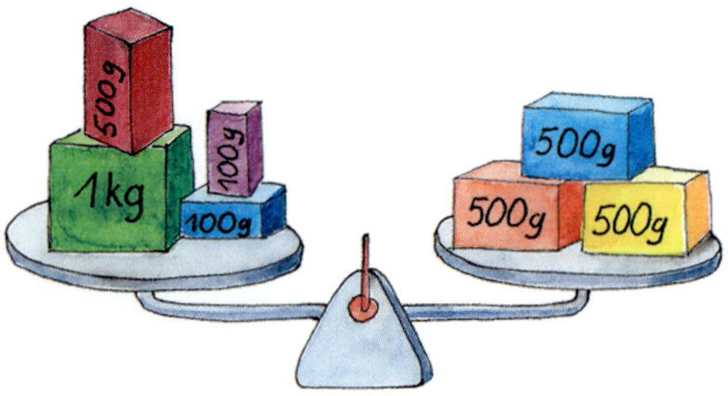

linke Seite: ____________ rechte Seite: ____________ linke Seite: ____________ rechte Seite: ____________

---

7 Die Masse eines Körpers wird durch den Vergleich mit Standardmassen bestimmt. Diese nennt man Wägstücke.

a) Gib jeweils an, welche der abgebildeten Wägstücke auf die rechte Seite der Waage zu legen sind, damit die Waage im Gleichgewicht ist.

rechte Seite: ____________ rechte Seite: ____________

b) Ermittle die größte Masse, die mit den abgebildeten Wägstücken gemessen werde kann.

---

c) Könnte man alle abgebildeten Wägstücke so auf der Waage verteilen, dass diese im Gleichgewicht ist? Zusätzliche Hilfsmittel stehen dabei nicht zur Verfügung.

---

d) Ein Gegenstand soll 700 g schwer sein.
Gib drei Möglichkeiten an, dies mit den abgebildeten Wägstücken zu überprüfen.

	linke Seite	rechte Seite
Möglichkeit A	700 g	
Möglichkeit B	700 g	
Möglichkeit B	700 g	

8 Ein 1 km langer Faden eines Seidenspinners wiegt rund 130 mg. Wie schwer sind folgende Seidenfäden?

a) Ein 200 m langer Faden wiegt ____________ mg. **b)** Ein 10 km langer Faden wiegt ____________ g.

Länge

▶ Grundwissen

Einheiten	Umrechnung
Kilometer (km)	1 km = 1 000 m = ______ dm = ______ cm = ______ mm
Meter (m)	1 m = 10 dm = ______ cm = ______ mm
Dezimeter (dm)	1 dm = 10 cm = ______ mm
Zentimeter (cm)	1 cm = 10 mm
Millimeter (mm)	

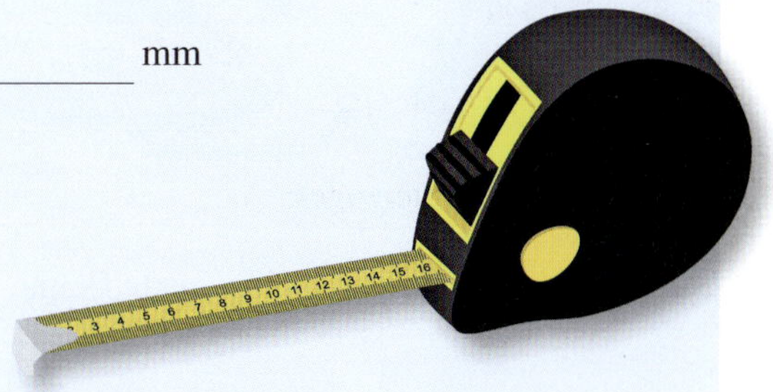

Beim Umrechnen von Längeneinheiten in eine kleinere Einheit wird der Zahlenwert ______

▶ **Auftrag:** Ergänze die Größenangaben und den Satz.

Trainieren

1 Wandle in die nächstkleinere Einheit um.

a) 6 cm = ______ b) 12 m = ______ c) 4 dm = ______

d) 27 km = ______ e) 120 cm = ______ f) 370 dm = ______

2 Wandle in die nächstgrößere Einheit um.

a) 40 mm = ______ b) 80 dm = ______ c) 12 000 dm = ______

d) 600 cm = ______ e) 40 000 m = ______ f) 1 700 mm = ______

3 Ergänze jeweils den fehlenden Zahlenwert oder die Einheit.

a) 23 000 cm = 230 ______ b) 7 800 m = ______ cm c) 4 000 km = ______ m

d) 45 000 mm = ______ m e) 2 400 cm = ______ mm f) 3 700 cm = 370 ______

g) 900 m = 90 000 ______ h) 1 200 cm = 12 000 ______ i) 7 600 cm = 76 ______

j) 9 km 37 m = ______ m k) 10 km 100 m = 10 100 ______ l) 1,5 m = ______ cm

4 Ordne nach der Größe. Beginne mit der kleinsten Länge.

a) 485 mm; 32 cm; 2 m; 1 100 mm; 8 cm; 91 mm; 310 cm

☐ < ☐ < ☐ < ☐ < ☐ < ☐ < ☐

b) 2,5 km; 2 050 m; 25 km; 2,025 km; 2 005 m; 0,25 km; 20 500 m

☐ < ☐ < ☐ < ☐ < ☐ < ☐

5 Berechne.

a) 4 km + 75 m = ______ m b) 456 cm – 6 dm = ______ cm c) 12 dm – 230 mm = ______ cm

Vertiefen

6 Ordne jedem Gegenstand eine der folgenden Größenangaben zu.

28 mm | 38 mm | 90 cm | 150 mm | 210 mm | 18 m | 320 m | 15 mm | 21 dm

a) Breite einer Tür: ____________ b) Höhe einer Tür: ____________

c) Länge einer Tintenpatrone: ____________ d) Dicke eines Buches: ____________

e) Länge eines Güterzuges: ____________ f) Länge eines Lkws: ____________

g) Breite eines Daumens: ____________ h) Breite einer DIN-A4-Seite: ____________

7 Nenne jeweils drei Gegenstände, die etwa die angegebene Länge haben.
Hinweis: Miss, wenn möglich, zur Kontrolle nach.

a) 5 cm ① ____________ ② ____________ ③ ____________

b) 1,5 dm ① ____________ ② ____________ ③ ____________

c) 2 m ① ____________ ② ____________ ③ ____________

d) 5 mm ① ____________ ② ____________ ③ ____________

8 Schätze zuerst, welche die kürzeste Verbindung der Punkte entlang der schwarzen Linie vom Anfang *A* zum Ziel *Z* ist.
Ermittle danach die Länge der Verbindung.

Längen der Teilstrecken:

____

____

____

Länge der Verbindung:

____

____

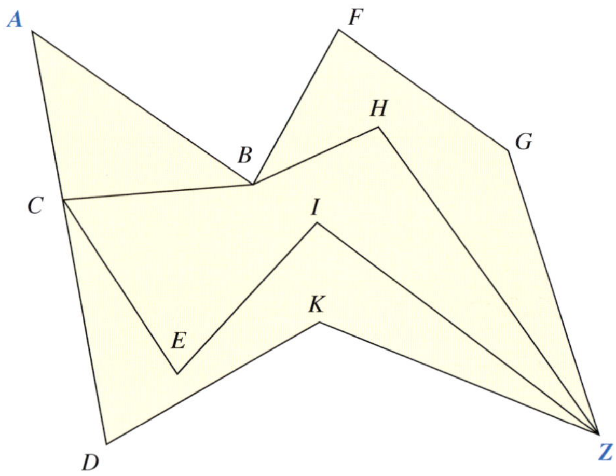

9 Wenn das Vorderrad von Michaels Fahrrad eine vollständige Umdrehung gemacht hat, ist Michael 2 m und 8 cm gefahren. Während der Fahrt von der Schule nach Hause hat sich das Vorderrad von Michael 951-mal gedreht.
Berechne, wie lang der Schulweg ist.
Zusatzaufgabe: Schätze, wie lang dein Schulweg ist.

____

Zeit

▶ **Grundwissen**

Einheiten	**Umrechnung**			
Tag (d)	1 d	= 24 h	= ______	min
Stunde (h)	1 h	= 60 min	= ______	s
Minute (min)	1 min	= 60 s	= ______	ms
Sekunde (s)	1 s			

Ein Jahr hat ______ Monate. Ein Monat hat ______ Tage. Jede Woche hat ______ Tage.

Jedes Jahr hat ______ Tage, lediglich Schaltjahre alle 4 Jahre haben 366 Tage.

▶ **Auftrag:** Ergänze die Größenangaben.

Trainieren

1 Ordne jeder Tätigkeit die passende Zeitdauer zu.

52 Wochen | 2 s | 14 d | 4 min | 15 min | 1 h | 70 min

a) 4 km wandern: ______ **b)** CD abspielen: ______ **c)** Datum aufschreiben: ______

d) Zähne putzen: ______ **e)** Osterferien: ______ **f)** Jahr: ______

2 Wandle in die nächstkleinere Einheit um.

a) 12 h = ______ **b)** 5 min = ______ **c)** 3 d = ______

d) 4 Wochen = ______ **e)** 8 h = ______ **f)** 6 Wochen = ______

g) 15 min = ______ **h)** 10 d = ______ **i)** 600 s = ______

3 Wandle in die nächstgrößere Einheit um.

a) 30 min = ______ **b)** 96 h = ______ **c)** 28 d = ______

d) 480 s = ______ **e)** 120 min = ______ **f)** 900 min = ______

g) 120 h = ______ **h)** 90 s = ______ **i)** 264 h = ______

4 Gib die Zeitspannen in den gegebenen Einheiten an.

a) Vom 3. Mai um 12:00 Uhr bis zum 3. Mai um 17:00 Uhr sind es ___ h.

b) Vom 2. Mai um 12:00 Uhr bis zum 3. Mai um 17:00 Uhr sind es ___ h.

c) Vom 3. Mai um 15:00 Uhr bis zum 15. Mai um 21:00 Uhr sind es ___ d ___ h.

d) Vom 3. Mai um 12:13 Uhr bis zum 5. Mai um 17:24 Uhr sind es ___ d ___ min.

e) Vom 3. Mai um 12:44 Uhr bis zum 5. Mai um 12:56 Uhr sind es ___ h ___ min.

Vertiefen

5 Der erste Bus fährt um 5:10 Uhr vom Bahnhof zur Vorstadt. Er wartet dort zwei Minuten und fährt dann die selbe Strecke zum Bahnhof zurück. Die Busse fahren im Abstand von 30 min. Vervollständige den Fahrplan für die Buslinie vom Bahnhof zur Vorstadt und zurück.

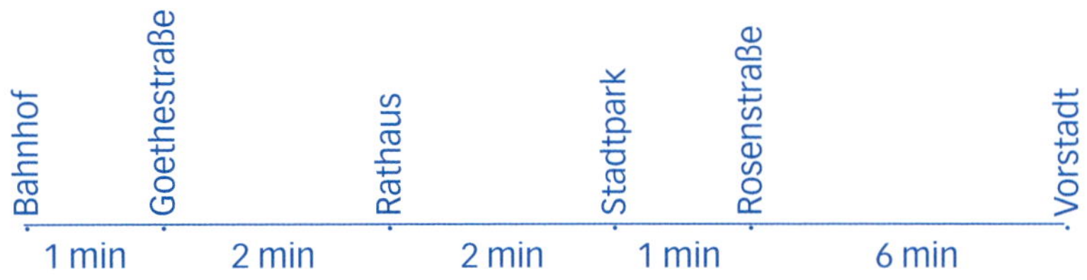

5:10	5:40		↓ Bahnhof ↑			
5:11			↓ Goethestraße ↑			
			↓ Rathaus ↑	5:33		
			↓ Stadtpark ↑	5:31		
			↓ Rosenstraße ↑	5:30		
			↓ Vorstadt ↑	5:24		

6 Damit die Reparaturarbeiten an der Bahnlinie 5 schneller gehen, wird ab dem 25. Juli bis zum 4. August jeweils in den Nächten von Montag auf Dienstag ab 23:00 Uhr bis 4:45 Uhr ein eingleisiger Bahnverkehr eingerichtet. Gib die Zeitdauer an, in der der Stellwerksleiter mit Verzögerungen im Verkehr rechnet. Schreibe unterschiedliche Antworten auf.

____

____

____

____

7 Warten fällt auch bei Sonnenschein schwer.
Ergänze die Zeitpunkte sowie die Zeitspannen und schreibe eine kurze Geschichte auf.

12:15 Uhr ________ ________ ________

75 min ________ ________

____

____

____

____

Umfang eines Rechtecks

▶ Grundwissen

Der Umfang eines Vielecks ist die Summe der Längen aller Seiten des Vielecks.

Beispiele: Rechteck

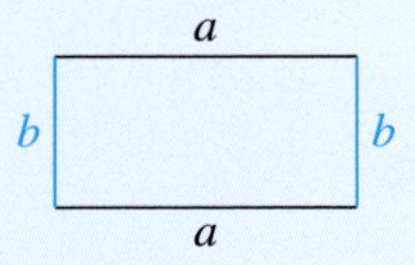

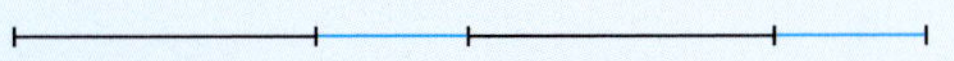

$u = 2 \cdot a + 2 \cdot b = 2 \cdot (a + b)$

$u =$ ____________

Vieleck

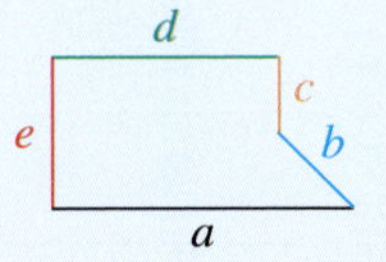

$u = a + b + c + d + e$

$u =$ ____________

▶ Auftrag: Gib den Umfang u an.

Trainieren

1 Ermittle die Umfänge. Miss dafür die benötigten Seitenlängen.

a) 

____

b) 

____

c) 

____

d) 

____

2 Ordne jeder Figur einen der folgenden gerundeten Umfänge zu. 8 cm 10 cm 12 cm

a) 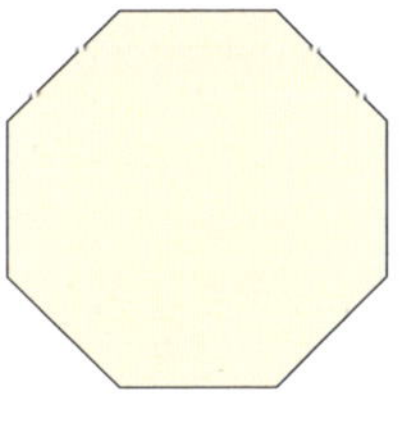

____

b) 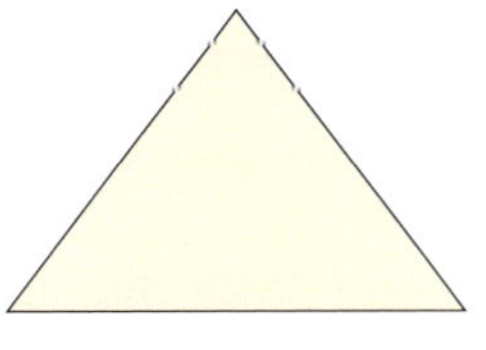

____

c) 

____

d) 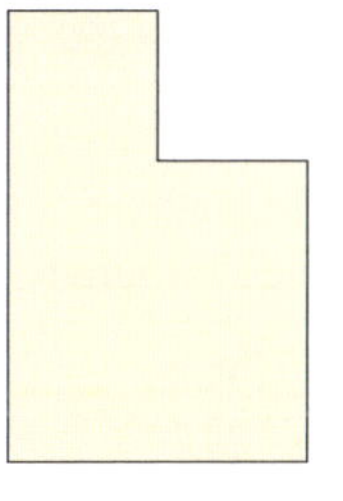

____

3 Es sind die Seitenlängen a und b von Rechtecken gegeben.

a) Welche der Rechtecke haben den gleichen Umfang?

Rechteck ①: $a = 20$ cm; $b = 8$ cm; $u =$ ____________

Rechteck ②: $a = 8$ cm; $b = 25$ mm; $u =$ ____________

Rechteck ③: $a = 4$ cm; $b = 6$ dm; $u =$ ____________

Rechteck ④: $a = 1{,}5$ cm; $b = 9$ cm; $u =$ ____________

Rechteck ⑤: $a = 32$ cm; $b = 32$ cm; $u =$ ____________

Rechteck ⑥: $a = 2{,}5$ cm; $b = 9$ cm; $u =$ ____________

____

b) Gib drei Beispiele für Seitenlängen von Rechtecken mit einem Umfang von 16 m an.

____

Vertiefen

4 Ein 40 m langes rechteckiges Grundstück soll mit einem Holzzaun eingezäunt werden. Die Handwerker benötigen insgesamt 117 m Holzzaun, wobei die drei Meter lange Einfahrt frei bleibt. Ermittle, wie breit das Grundstück ist.

5 Seitenumfang des Arbeitsheftes

a) Ermittle den Umfang einer Seite dieses Arbeitsheftes. Runde sinnvoll.

b) Ermittle den Umfang einer Doppelseite dieses Arbeitsheftes. Gib diesen in drei Einheiten an.

c) Nina sagt: „Das ganze Arbeitsheft hat einen Umfang von rund 60 Seiten.“ Was meint sie damit?

6 Eine Gruppe rennt beim 2 000-m-Lauf jeweils auf dem Weg um das abgebildete rechteckige Schulgelände. Ermittle, wie viele Runden zu laufen sind. Zusatzaufgabe: Schätze, wie lange die Gruppe läuft.

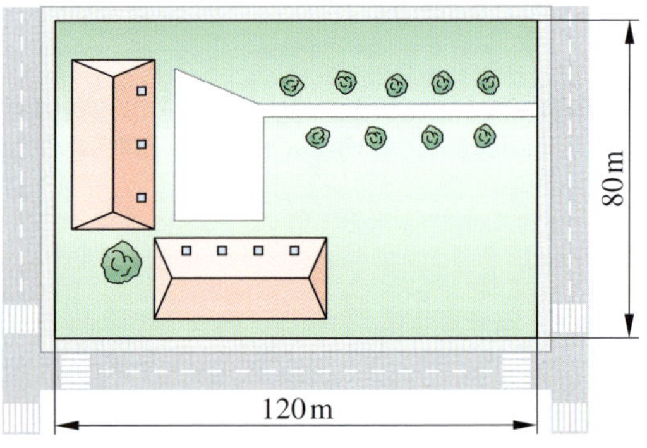

7 Ein rechteckiges Grundstück besitzt einen Umfang von 114 m. Die Straßenfront ist 25 m lang.

a) Berechne, wie weit das Grundstück nach hinten reicht.

b) Im Abstand von 1 m zu allen Grundstücksgrenzen soll eine Lebensbaum-Hecke gepflanzt werden. Somit ist alle 50 cm ein Lebensbaum zu setzen. Am Tor an der Straßenfront werden 5 m ohne Hecke sein. Begründe rechnerisch, ob 200 Lebensbäume ausreichen.

Schlussrechnung

▶ Grundwissen

Wenn dem Doppelten, Dreifachen, … einer Größe das Doppelte, Dreifache einer anderen Größe entspricht, kannst du aus drei Angaben auf einen vierten Wert schließen.

Beispiele:

Direkt auf den Wert schließen:

	Anzahl der Brötchen	Preis in Euro	
·2	12	4,80	·2
	24		

Zunächst auf eine Einheit schließen:

	Anzahl der Brötchen	Preis in Euro	
: 12	12	4,80	: 12
·7	1		·7
	7		

▶ Auftrag: Ergänze die Beispiele.

Trainieren

1 Berechne im Kopf.

a) Eine Energiesparlampe kostet 4,99 €. Wie viel kosten 5, 10, 15 Lampen?

b) 5 Dosen Büchsenmilch kosten 3,20 €. Wie viel kosten 10, 15, 30 Dosen?

c) Ein Auto verbraucht auf einer Strecke von 100 km 6,5 l Benzin.
Wie viel Liter verbraucht es auf 200, 400, 1 200 km?

2 Ergänze die Tabellen.

a)

Menge in l	Preis in €
3	3,63
1	
8	

b)

Zeit in h	Gebühr in €
3	1,50
7	

c)

Anzahl	Masse in kg
8	9,6
6	

3 Entscheide, ob du mithilfe der Schlussrechnung auf das Ergebnis schließen kannst.
Begründe deine Antwort.

a) Maria schwimmt eine 100 m lange Strecke in 90 s. Wie viele Sekunden benötigt sie für die doppelte Strecke?

b) Elias benötigt für den Aufsatz 30 Minuten. Wie lange benötigen Elias, Leon, Jonas und Ben zusammen?

Vertiefen

4 Wende die Schlussrechnung an.

a) Der Nachhilfeunterricht in Englisch bei Frau Huber kostet 30,00 € für 90 Minuten.
Berechne, wie viel eine Dreiviertelstunde kostet, wie viel eine ganze Stunde.

____

b) Sara, Lena, Emilie, Lara und Johanna wollen mit einem 5-Personen-Ticket für 14,50 € fahren.
Sara soll den Betrag für Lena und Emilie auslegen und für sich selbst bezahlen. Johanna übernimmt den Rest.
Ermittle, wie viel Sara zahlt und wie viel Johanna.

____

c) Aus 20 Liter Milch lässt sich rund 1 kg Butter herstellen.
Ermittle, wie viel Liter Milch für ein Stück Butter (250 g) benötigt werden.

____

5 Der Boden eines Raumes wurde mit 80 Mosaikteilen, die $0{,}16\,m^2$ groß sind, gefliest.

a) Ermittle, wie viele $20\,cm^2$ große Mosaikteile man dafür mindestens benötigt hätte.

____

b) Gib eine mögliche Länge und Breite des Raums in Meter an.

____

____

6 Mit einem Zug wird bei einer Durchschnittsgeschwindigkeit von 100 km pro Stunde ein Ziel nach 24 h erreicht.

a) Wie lange würde es dauern, bis ein Flugzeug mit einer Durchschnittsgeschwindigkeit von 900 km pro Stunde einen gleich langen Weg zurück gelegt hat?

____

b) Lukas sagt: „Das Flugziel liegt vermutlich nicht in Deutschland.“
Hat er recht? Begründe deine Meinung.

____

____

c) Ein Flugzeug überfliegt mit 900 km pro Stunde die Zugspitze.
Wie weit entfernt von der Zugspitze liegen alle Orte, die bei gleich bleibender Geschwindigkeit in den folgenden 20 Minuten direkt überflogen werden könnten?

____

____

Maßstab

▶ Grundwissen

Der Maßstab ist das Verhältnis (der Quotient) der Länge einer beliebigen Strecke im Bild zur entsprechenden Länge der Strecke im Original.

Beispiel: Im rechten Bild des Maikäfers entspricht jeder 1 cm langen Strecke

eine ____ cm lange Stecke im linken Original.

Der Maßstab ist ____ : ____.

▶ Auftrag: Gib den Maßstab an.

Trainieren

1 Gib die zugehörigen Maßstäbe an und ermittle, wie lang eine 2 km lange Originalstrecke auf einer Karte wäre.

a)

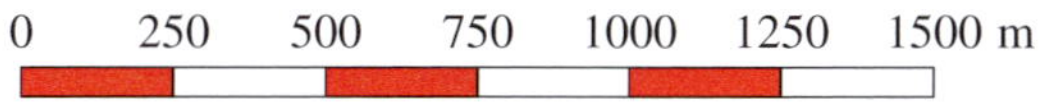

Maßstab: ____________ 2 km entsprechen ________ auf der Karte.

b)

Maßstab: ____________ 2 km entsprechen ________ auf der Karte.

c)

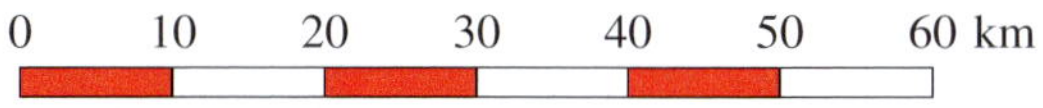

Maßstab: ____________ 2 km entsprechen ________ auf der Karte.

d)

Maßstab: ____________ 2 km entsprechen ________ auf der Karte.

2 Ergänze die Tabellen.

a) Maßstäbliche Verkleinerungen

Maßstab	1 : 25	1 : 300	1 : 5	1 : 150
Länge im Bild	2 mm	3 cm		
Länge im Original			2,5 cm	300 dm

b) Maßstäbliche Vergrößerungen

Maßstab	5 : 1	10 : 1	20 : 1	40 : 1
Länge im Bild	2 mm	3 cm		
Länge im Original	0,4 mm		25 m	2,8 dm

3 Euer derzeitiger Unterrichtsraum soll umgestaltet werden. Dazu muss ein maßstabsgetreuer Grundriss auf einem DIN-A4-Blatt angefertigt werden. Welchen Maßstab würdest du empfehlen?
Zusatzaufgabe: Vergleicht die Vorschläge untereinander.

____

Vertiefen

4 Der Airbus A380 ist der Rekordhalter im Passagiertransport und das zweitgrößte Flugzeug der Welt.
Die Antonow AN-225 ist 11 Meter länger und auch bei der Flügelspannweite übertrifft sie den Airbus um acht Meter.

Daten zum Airbus A380	
Länge:	72,30 m
Flügelspannweite:	79,80 m
Höhe:	24,10 m
Maximale Passagierkapazität:	853

a) Das Foto zeigt ein Modell des Airbus A380 mit rund 30 cm Flügelspannweite.
Jeweils eine der Angaben ist richtig. Kreuze diese an.

Maßstab des Modells:	☐ 1 : 25	☐ 1 : 250	☐ 1 : 2500	☐ 25 : 1	☐ 250 : 1	☐ 2500 : 1
Höhe des Modells:	☐ ca. 0,1 km	☐ ca. 0,1 cm	☐ ca. 0,1 dm	☐ ca 1 m	☐ ca. 10 cm	☐ ca. 1000 mm

b) Stell dir vor, ein Original Airbus A380 und eine Antonow AN-225 sollen mit möglichst geringem Rechenaufwand groß und von oben gesehen auf jeweils ein DIN-A4-Blatt gezeichnet werden.
Welcher Maßstab ist dafür geeignet?
Wie lang und breit werden die entsprechenden Bilder der Flugzeuge etwa?

____

____

____

c) Reichen die Plätze im Airbus A380 für einen gemeinsamen Flug aller Schülerinnen und Schüler eurer Schule aus?
Begründe deine Antwort.

____

____

____

5 Die Karte zeigt einen Ausschnitt aus einem Stadtplan von Nürnberg im Maßstab 1 : 20 000.
Ermittle, wie lang eine Umrundung der Altstadt zu Fuß dauern würde, wenn du 4 km pro Stunde zurücklegst.

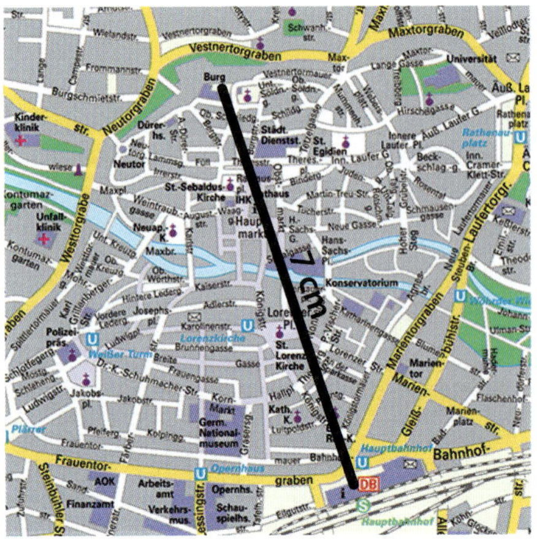

____

____

Grundprinzip der Flächenmessung

▶ **Grundwissen**

Die Größen verschiedener Flächen kann man vergleichen, indem man sie mit gleichen Flächen unterteilt.
Solche Flächen können z. B. sein:

____

____

▶ **Auftrag:** Nenne drei mögliche Objekte zum Unterteilen von Flächen.

Trainieren

1 Umrande Figuren, deren Flächen gleich groß sind, mit der gleichen Farbe.

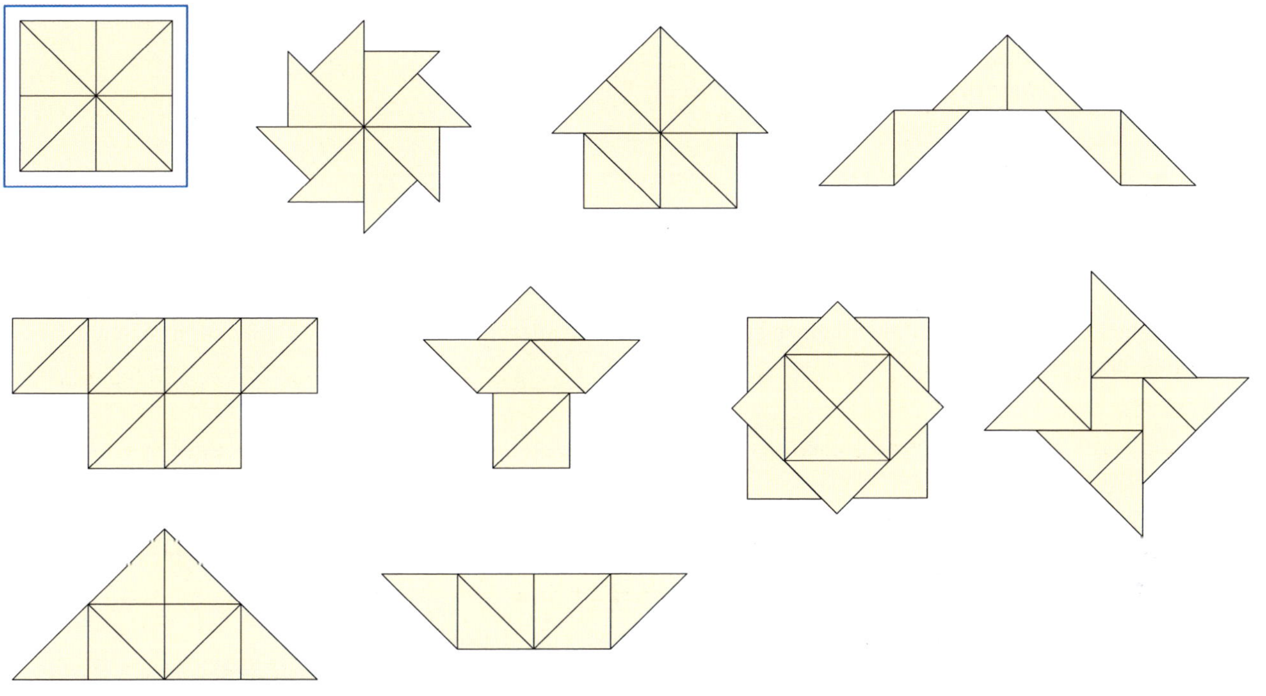

2 Zeichne rechts ein Rechteck, dessen Fläche genauso groß ist wie die der Fläche links.

3 Ordne nach der Größe. Beginne mit der kleinsten Fläche.

Schulhof | Tür | Fußboden der Turnhalle | Bodenfläche des Klassenzimmers | Lehrertisch

____

Vertiefen

4 Ermittle, wie viele Quadrate an den hellen Stellen noch einzuzeichnen sind. Welche der Stellen ist am größten?

5 Zerlege die Figur zuerst in zwei, danach in drei und zuletzt in vier deckungsgleiche Teilfiguren (d. h. in Figuren mit gleicher Form und gleicher Größe).

zwei deckungsgleiche Teilfiguren

drei deckungsgleiche Teilfiguren

vier deckungsgleiche Teilfiguren

6 Die Figuren unten wurden aus den Teilen eines chinesischen Tangrams gelegt.
Ein Tangram ist einfach herzustellen.
Übertrage dazu die rechte Figur auf Karopapier.
Schneide die Teilflächen aus. Lege die Figuren.
Notiere deine Lösung, indem du entsprechende Linien in die abgebildeten Figuren einzeichnest.

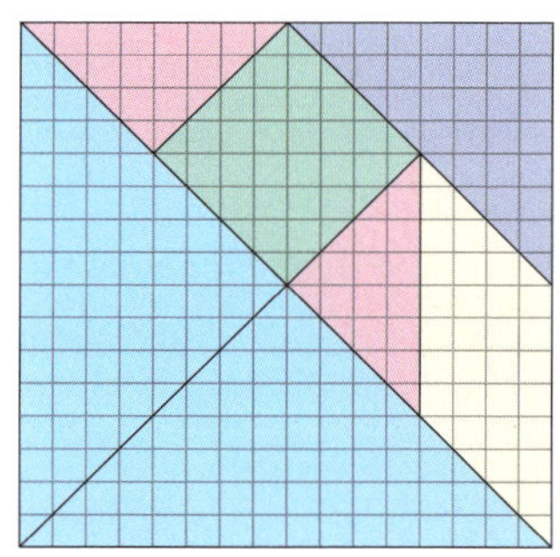

Flächeneinheiten

▶ Grundwissen

Einheiten	Umrechnung					
Quadratkilometer (km^2)	$1\ km^2$ =	____	ha	= 10 000 ____	= 1 000 000 ____
Hektar (ha)	1 ha =	____	a	= 10 000 ____	= 1 000 000 ____
Ar (a)	1 a =	____	m^2	= 10 000 ____	= 1 000 000 ____
Quadratmeter (m^2)	$1\ m^2$ =	____	dm^2	= 10 000 ____	= 1 000 000 ____
Quadratdezimeter (dm^2)	$1\ dm^2$ =	____	cm^2	= 10 000 ____	
Quadratzentimeter (cm^2)	$1\ cm^2$ =	____	mm^2		
Quadratmillimeter (mm^2)					

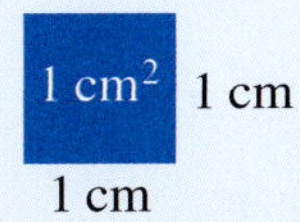

▶ Auftrag: Ergänze die Umrechnungen.

Trainieren

1 Ordne die Flächeninhalte der Größe. Beginne mit dem kleinsten Wert.

① Flächeninhalt von Bayern ② Flächeninhalt eines Handballfeldes ③ Flächeninhalt einer Briefmarke

④ Flächeninhalt einer Buchseite ⑤ Flächeninhalt eines Garagentores ⑥ Flächeninhalt eines Hafengeländes

____

2 Kreuze eine passende Flächeneinheit an.

a) Nadelöhr: dm^2; cm^2; mm^2 ☐ ☐ ☐
b) Klassenraum: a; m^2; dm^2 ☐ ☐ ☐
c) Ackerland: km^2; ha; a ☐ ☐ ☐
d) Land: km^2; ha; a; m^2 ☐ ☐ ☐ ☐

3 Ordne die Flächeninhalte nach aufsteigender Größe.

a) $3\ cm^2$ **b)** $240\ mm^2$ **c)** $0{,}2\ dm^2$ **d)** $1\ m^2$ **e)** $202\ dm^2$

____

4 Rechne in die nächstkleinere Einheit um.

a) $12\ cm^2$ = ____ **b)** $5\ dm^2$ = ____ **c)** $3\ m^2$ = ____

d) $0{,}4\ m^2$ = ____ **e)** 8,7 ha = ____ **f)** $0{,}6\ km^2$ = ____

g) $1{,}8\ m^2$ = ____ **h)** 0,9 a = ____ **i)** $1{,}6\ cm^2$ = ____

5 Rechne in die nächstgrößere Einheit um.

a) $300\ cm^2$ = ____ **b)** $8\,900\ mm^2$ = ____ **c)** $2\,800\ dm^2$ = ____

d) 880 a = ____ **e)** $25\ dm^2$ = ____ **f)** $700\ cm^2$ = ____

g) $104\ dm^2$ = ____ **h)** 87 ha = ____ **i)** $0{,}6\ m^2$ = ____

j) $335\ m^2$ = ____ **k)** 1250 a = ____ **l)** 873 ha = ____

Vertiefen

6 Berechne.

a) $10\,m^2 - 400\,dm^2 =$ ____ dm^2 b) $1\,dm^2 - 30\,cm^2 =$ ____ cm^2 c) $600\,mm^2 + 4\,dm^2 =$ ____ cm^2

d) $3\,m^2 + 100\,cm^2 =$ ____ dm^2 e) $5\,m^2 - 10\,000\,cm^2 =$ ____ m^2 f) $2{,}1\,km^2 + 640\,a =$ ____ ha

7 Ergänze.

a) $24\,cm^2 : 6 =$ ____ mm^2 b) $\frac{1}{3}$ von $600\,mm^2 =$ ____ cm^2 c) $12\,dm^2 \cdot 100 =$ ____ m^2

d) $1\,m^2 : 8 =$ ____ cm^2 e) $\frac{1}{4}$ von $1\,dm^2 =$ ____ cm^2 f) $3\,ha \cdot 320 =$ ____ km^2

8 Gib an mit welcher Zahl zu multiplizieren ist. Umrechnung von …

a) m^2 in dm^2 ____ b) m^2 in cm^2 ____ c) km^2 in ha ____ d) dm^2 in mm^2 ____

9 Vergleiche.

a) 0,153 a ☐ $15{,}3\,m^2$ b) $0{,}375\,km^2$ ☐ $37\,500\,m^2$ c) $75\,mm^2$ ☐ $0{,}075\,cm^2$ d) $198\,cm^2$ ☐ $1{,}99\,dm^2$

10 Überprüfe und korrigiere, falls erforderlich.

a) $\frac{3}{4}\,km^2 < 75\,ha$ ____ b) $57\,mm^2 = 0{,}57\,cm^2$ ____

c) $\frac{12}{24}\,dm^2 > 50\,cm^2$ ____ d) $4\frac{1}{4}\,m^2 = 425\,dm^2$ ____

11 Fülle die Tabelle wie beim ersten Beispiel aus.

Ergänze die fehlenden Breiten für die Sportarten Basketball und Handball.

Gib die Größen der Flächen in zwei Einheiten an.

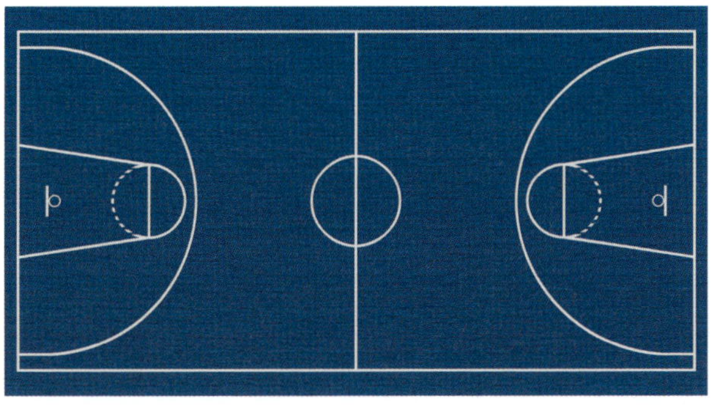

Sportart	Länge	Breite	Spielfeldgröße
Schach	48 cm	48 cm	$48\,cm \cdot 48\,cm = 2\,304\,cm^2 = 0{,}2304\,m^2$
Tischtennis	2,74 m	1,525 m	
Squash	9,75 m	6,40 m	
Badminton	13,40 m	6,10 m	
Tennis	23,77 m	8,23 m	
Basketball	28 m		$420\,m^2$
Handball	40 m		$800\,m^2$
Fußball	45 m	90 m	

Berechnung von Flächeninhalten

▶ Grundwissen

Beispiele:

- Der Flächeninhalt eines Rechtecks wird berechnet, indem man die Länge des Rechtecks mit seiner Breite multipliziert.
  $A = a \cdot b$

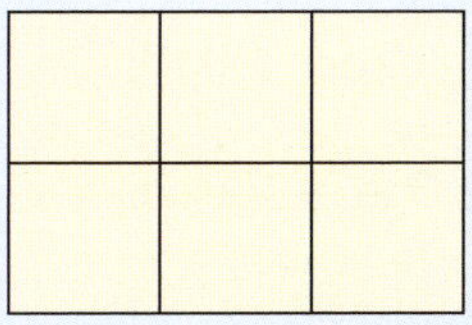

$A =$ ___ · ___ = ___

- Der Flächeninhalt eines Quadrats wird berechnet, indem man die Seitenlänge des Quadrats mit sich selbst multipliziert.
  $A = a \cdot a = a^2$

$A =$ ___ · ___ = ___

▶ Auftrag: Ergänze die Umrechnungen und die Rechnung.

Trainieren

1 Gib die Flächeninhalte in Quadratmillimetern an.

a)

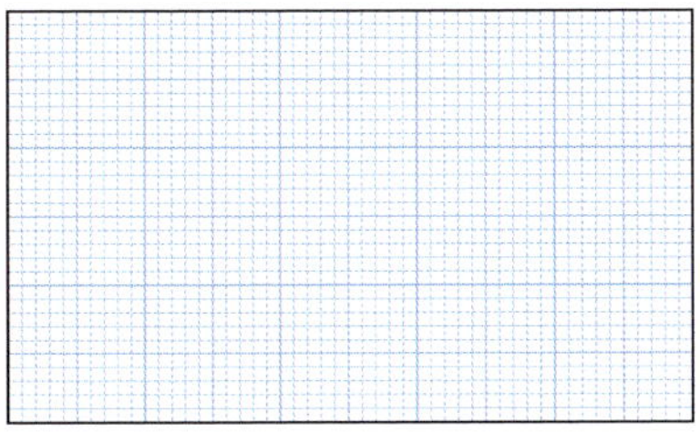

$A =$ ___ · ___ = ___

b)

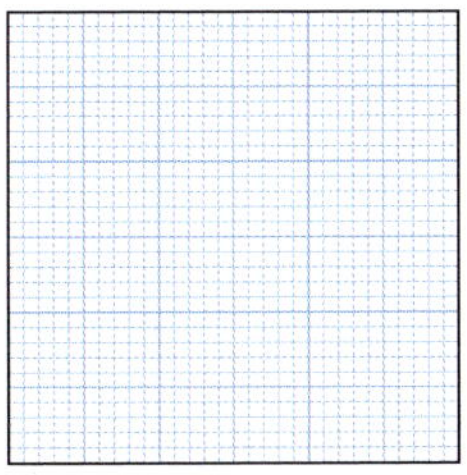

$A =$ ___ · ___ = ___

c)

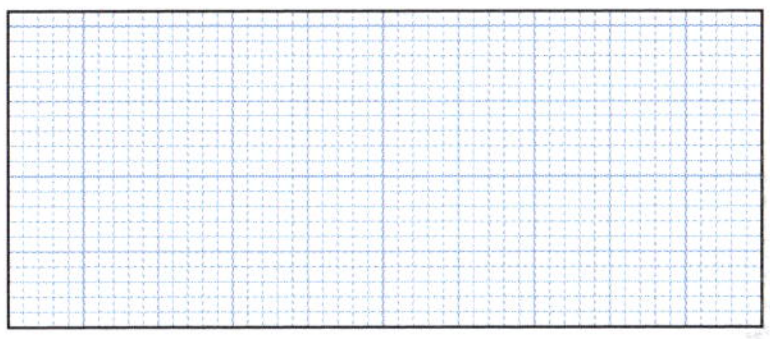

$A =$ ___ · ___ = ___

2 Berechne den Flächeninhalt eines Rechtecks mit den Seitenlängen a und b.

a) $a = 3{,}5\,\text{m}$; $b = 2{,}5\,\text{m}$ $A =$ ___ m^2

b) $a = 1{,}5\,\text{cm}$; $b = 1{,}5\,\text{dm}$ $A =$ ___ cm^2

c) $a = 2{,}5\,\text{km}$; $b = 60\,\text{m}$ $A =$ ___ m^2

d) $a = 6{,}1\,\text{cm}$; $b = 12\,\text{mm}$ $A =$ ___ mm^2

3 Überprüfe und korrigiere, falls erforderlich.

a) $A = 0{,}75\,\text{m} \cdot 4\,\text{dm} = 3\,\text{dm}^2$ ___

b) $A = 57\,\text{mm} \cdot 2{,}5\,\text{cm} = 1{,}425\,\text{cm}^2$ ___

4 Gib die Seitenlänge von vier verschiedenen Rechtecken an, die alle denselben Flächeninhalt $48\,\text{cm}^2$ besitzen.

___

___

5 Wahr oder falsch? Begründe.

Pia sagt: „Wenn ich in meinem Rechteck die Länge und die Breite jeweils verdoppele, erhalte ich den 4-fachen Flächeninhalt des Rechtecks ohne Verlängerung der Seiten.“

___

___

___

Vertiefen

6 Hanna und Marie haben 8 m Drahtzaun und vier Pfosten, daraus wollen sie für ihr Meerschweinchen ein rechteckiges Gehege bauen. Beide haben bereits Lösungsmöglichkeiten gezeichnet.

a) Zeichne zuerst auf, wie du ein entsprechendes möglichst großes Gehege anlegen würdest.
Berechne danach die Größe aller drei Flächen für das Meerschweinchen.
Hinweis: 1 cm soll 1 m entsprechen.

Vorschlag 1:

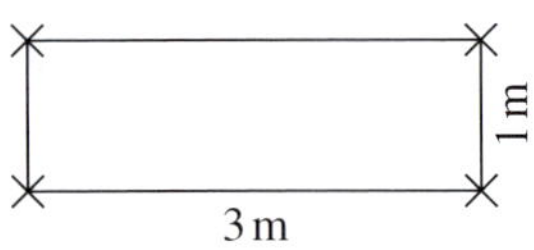

Vorschlag 2:

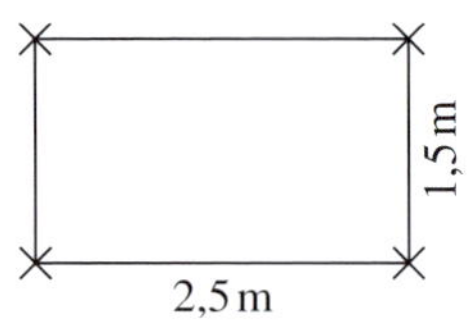

Vorschlag 3:

Die Fläche ist ______ m^2 groß. Die Fläche ist ______ m^2 groß. Die Fläche ist ______ m^2 groß.

b) Hanna kam auf die Idee, als eine Seite des Geheges die Garagenwand zu nutzen.
Zeichne zuerst auf, wie du ein entsprechendes möglichst großes Gehege anlegen würdest.
Berechne danach die Größe aller drei Flächen für das Meerschweinchen.
Hinweis: 1 cm soll 1 m entsprechen.

Vorschlag 1:

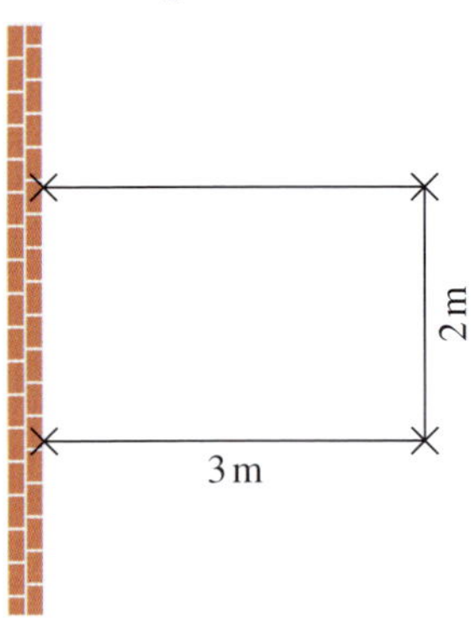

Vorschlag 2:

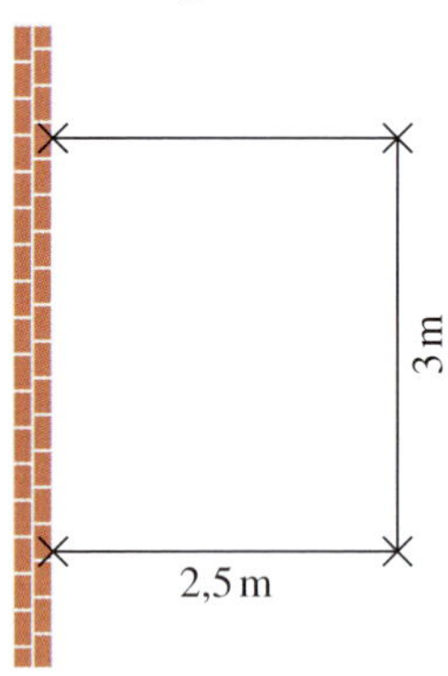

Vorschlag 3:

Die Fläche ist ______ m^2 groß. Die Fläche ist ______ m^2 groß. Die Fläche ist ______ m^2 groß.

7 Ermittle die Flächeninhalte einer Seite dieses Heftes und einer Doppelseite.
Gib jedes Ergebnisse in zwei Einheiten an.

Flächeninhalt einer Seite:

____

Flächeninhalt einer Doppelseite:

____

Oberflächeninhalt eines Quaders

► Grundwissen

Der Oberflächeninhalt eines Körpers ist die Summe der Flächeninhalte seiner Begrenzungsflächen.

$Q_{\text{Quader}} = 2 \cdot l \cdot b + 2 \cdot l \cdot h + 2 \cdot b \cdot k$

$Q_{\text{Würfel}} = 6 \cdot s^2$

s = Kantenlänge des Würfels

Beispiel:

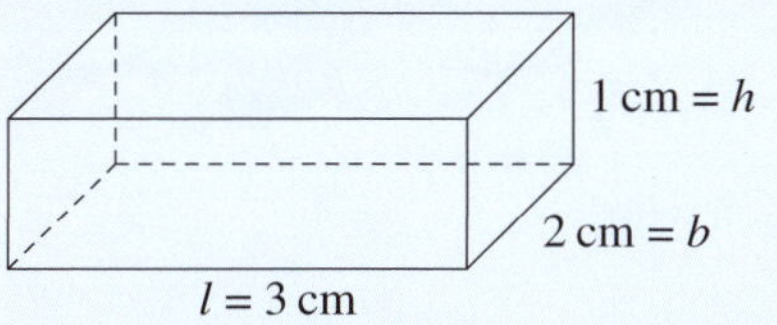

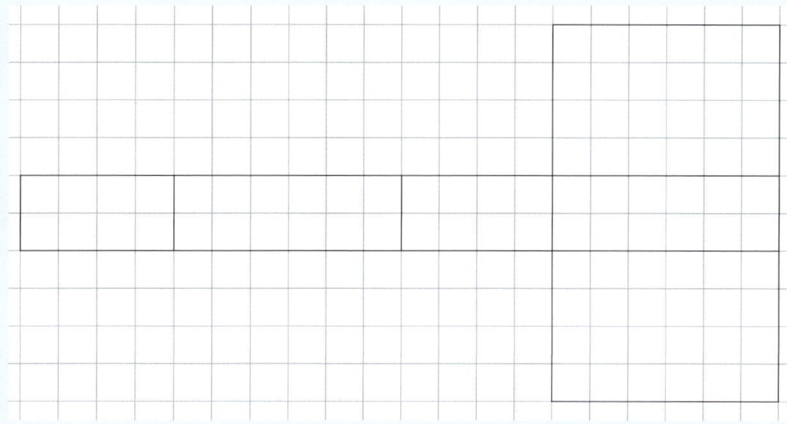

$O =$ ______________________________

► Auftrag: Ermittle mithilfe des Körpernetzes den Oberflächeninhalt des Quaders.

Trainieren

1 Ermittle den Oberflächeninhalt.

a) Würfel mit 3 cm langen Kanten

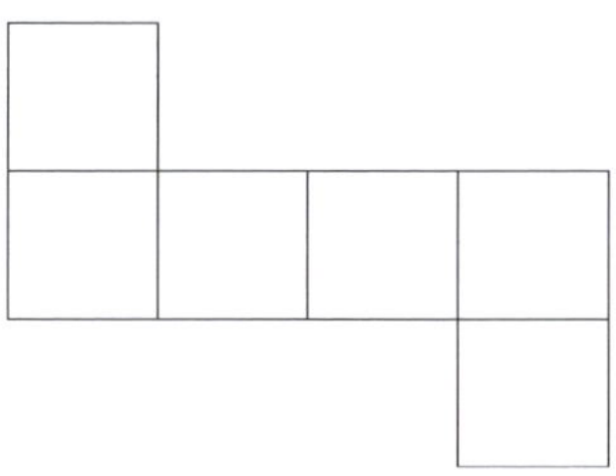

b) Quader mit 2 cm, 4 cm und 6 cm langen Kanten

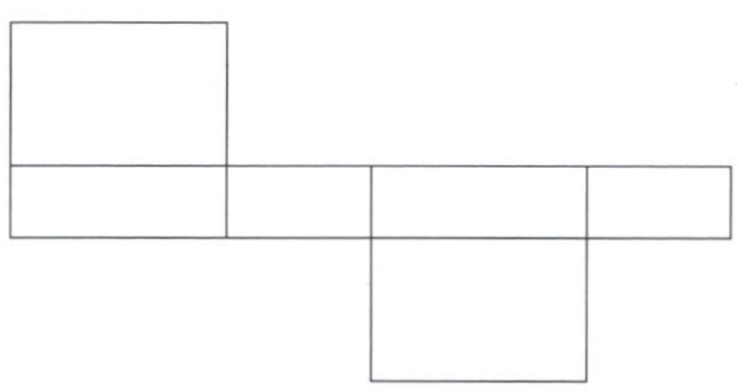

______________________________ ______________________________

______________________________ ______________________________

2 Berechne den Oberflächeninhalt.

a) Würfel: $a = 5$ cm

____

b) Quader: $a = 10$ mm; $b = 2{,}5$ cm; $c = 4$ cm

____

3 Die abgebildeten Körper bestehen aus Würfeln mit 1 cm Kantenlänge. Nur gleiche Schichten durften hinten angefügt werden. Ermittle die Oberflächeninhalte der Körper.

a)

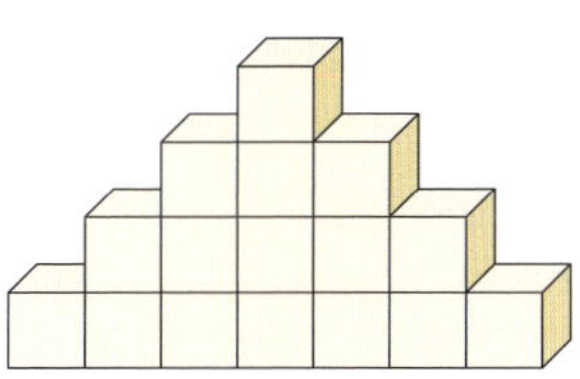

b)

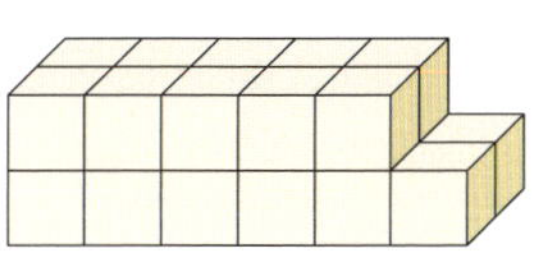

c)

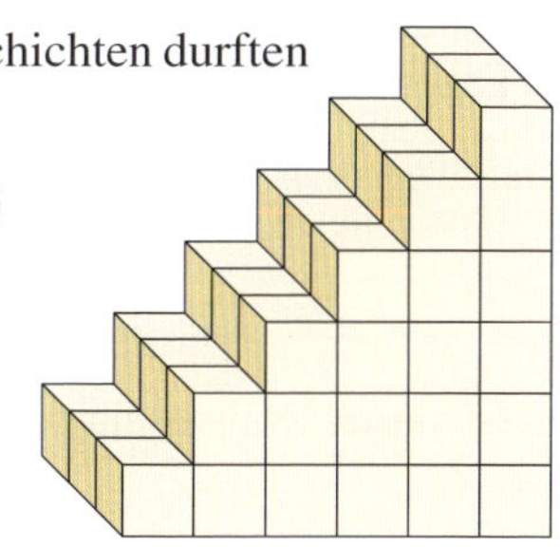

______________ ______________ ______________

Vertiefen

4 Zwei Holzstützen für einen neuen Balkon sind 3 m lang. Sie haben die rechts abgebildete Grundfläche. Vor dem Einbau soll ihre Oberfläche mit Rostschutzmittel gestrichen werden. Die im Fachhandel angebotenen Dosen reichen für 1,5 m^2.
Ermittle, wie viele Dosen gekauft werden sollten.

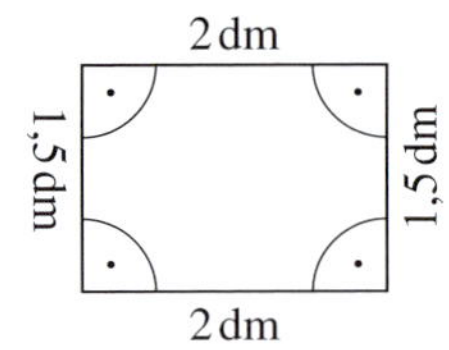

5 Die Inhaberin vom Eiscafé Seeblick möchte neue Sitzauflagen für 25 Stühle herstellen lassen.
Sie sollen die Form eines Quaders haben. Ihr liegen zwei Kissenmuster aus dem gleichen Stoff vor.
Das Muster A ist 38 cm lang, 42 cm breit und 40 mm hoch.
Das Muster B ist 42 cm lang, 42 cm breit und 40 mm hoch.
Der Stoff wurde von einer 1,50 m breiten Rolle abgeschnitten.
Ein Meter Stoff von dieser Rolle kostet 12,30 €.

Wegen der notwendigen Nähte an jeder Kante wurde jede Seitenfläche der Sitzauflage 5 cm länger und 5 cm breiter zugeschnitten, als sie bei der fertigen Sitzauflage ist.
Untersuche, ob 170,00 € zum Kauf des benötigten Stoffes ausreichen.

	Kissen vom Muster A	Kissen vom Muster B
Maße für den Zuschnitt		
Stoff für ein Kissen		
Stoff für 25 Kissen		
Preis für 25 Kissen		

Kapitel Natürliche und ganze Zahlen

1 Trage folgende Zahlen in die Stellenwerttafel ein.

a) zwölf Billionen dreißigtausendfünf

b) neun Milliarden sechzehntausenddreizehn

c) vier Milliarden dreihundert

d) achtundzwanzigzig Millionen vierhunderteintausend

Billionen			Milliarden			Millionen			Tausender					
H	Z	E	H	Z	E	H	Z	E	H	Z	E	H	Z	E

2 Ordne nach der Größe. 2587; 0; 18; 187; 2578; 10^2; 125; 10^3

☐ < ☐ < ☐ < ☐ < ☐ < ☐ < ☐ < ☐

3 Ergänze die Tabelle.

Runde auf …	Zehner	Hunderter	Tausender	Zehntausender
17569				
127899				

4 Marienkäfer

Schätze, wie lang ein Marienkäfer ist. Kreuze den passenden Wert an.

☐ ca. 5 mm ☐ ca. 5 cm ☐ ca. 5 dm ☐ ca. 5 m

5 Lies die Jahreszahlen folgender Ereignisse so genau wie möglich ab.

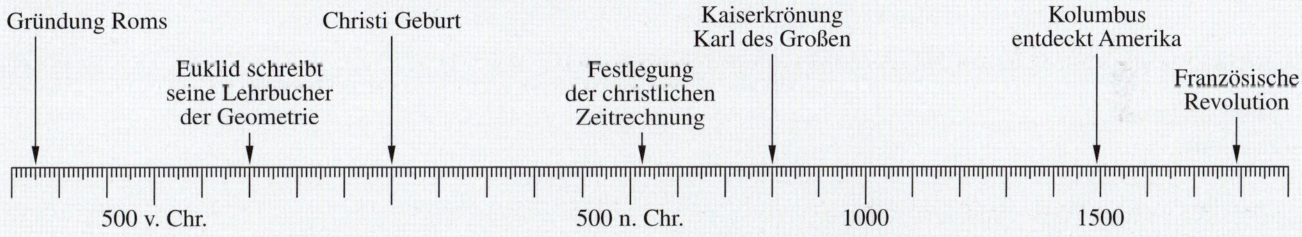

Kolumbus entdeckt Amerika: ____________

Gründung Roms: ____________

Festlegung der christlichen Zeitrechnung: ____________

Französische Revolution: ____________

Kaiserkrönung Karls des Großen: ____________

Euklid schrieb Lehrbücher: ____________

6 Karte mit den Höchstwerten der Temperaturen am 10. März

a) Nenne zwei nicht gleich warme Städte, in denen Schnee liegen könnte und die Temperaturen über −6° C liegen.

____

b) Nenne zwei Städte, in denen der Abstand der Temperaturen zu null gleich ist, jedoch nicht die Temperaturen.

____

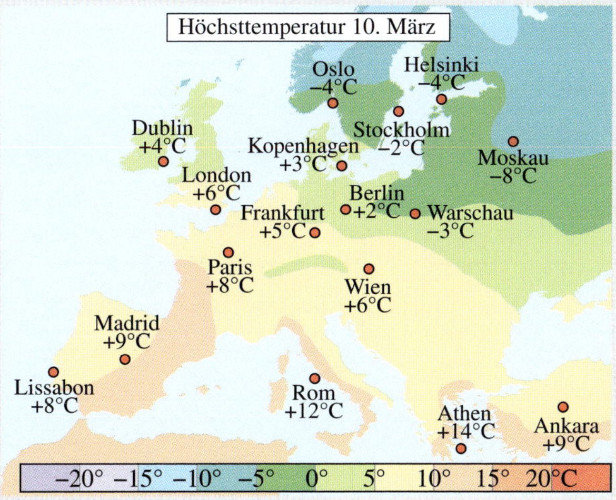

Kapitel Addition und Subtraktion

1 Berechne.

a) 507 + 41 = ________ **b)** 827 + 19 = ________ **c)** 1 027 + 88 = ________

d) 200 − 87 = ________ **e)** 756 − 80 = ________ **f)** 75 600 − 80 = ________

g) 37 + 58 + 23 = ________ **h)** 67 − 18 − 17 = ________ **i)** 23 + 24 + 25 + 26 + 27 = ________

2 Schreibe jeweils zuerst das Ergebnis des Überschlags auf.
Rechne danach schriftlich.

a) ________ **b)** ________ **c)** ________ **d)** ________

a)

	9	2	7	2
−	3	8	1	0

b)

	6	8	0	6
+	5	8	2	1
+	1	4	8	0

c)

	7	0	3	0
−	1	8	2	3

d)

	8	6	4	5
+		3	2	2
+	1	9	5	7

3 Ergänze jeweils die fehlenden Klammern.

a) 28 + 9 − 33 + 41 = −37 **b)** −57 − 40 − 30 − 12 − (−7) = −86

4 Ermittle das Ergebnis.

a) Subtrahiere die Differenz der Zahlen 52 und 24 von der Summe der Zahlen 48 und 7.

____

b) Der Minuend ist um 11 größer als der Subtrahend. Welchen Wert hat die Differenz?

____

5 Wenn die Sonne an einem Ort am höchsten steht, ist an diesem Ort 12:00 Uhr mittags.
Dies ist nicht überall gleichzeitig der Fall, deshalb wurde die Erde in Zeitzonen unterteilt.

a) Wie spät ist es etwa in Südafrika, wenn es bei uns 12:00 Uhr mittags ist?

____

b) Wie spät ist es etwa in Australien, wenn es bei uns 12:00 Uhr mittags ist?

____

c) Wie spät ist es etwa auf Grönland, wenn es in Südafrika 19:00 Uhr ist?

____

④ Zeitzonen

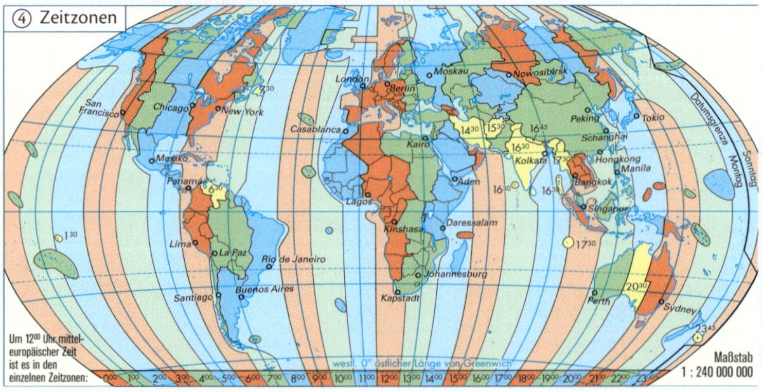

d) Stelle eine weitere Aufgabe und löse diese.

____

____

Kapitel Grundbegriffe der Geometrie

1 Sechseck

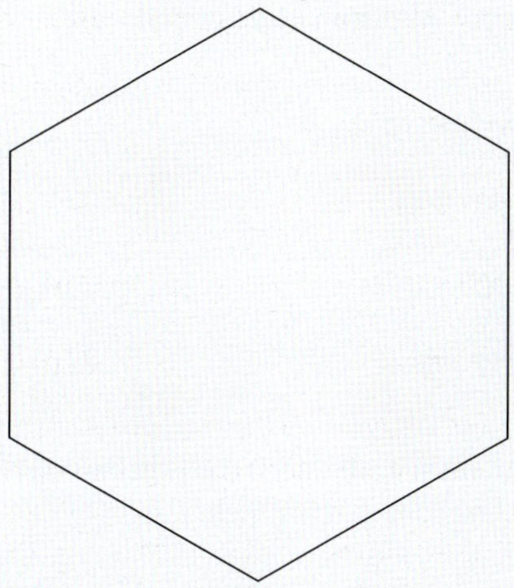

a) Zeichne in das Sechseck alle Diagonalen ein und gib die Anzahl an.

Das abgebildete Sechseck hat ______ Diagonalen.

b) Bezeichne zwei der Diagonalen, die senkrecht zueinander verlaufen mit *e* und *f*.

c) Bezeichne zwei der Diagonalen, die parallel zueinander verlaufen mit *g* und *h*. Gib deren Abstand an.

g und *h* haben einen Abstand von _____ cm (= _____ mm).

2 Zeichne jeweils die Punkte im Koordinatensystem ein und gib die fehlen Koordinaten der Vierecke an.

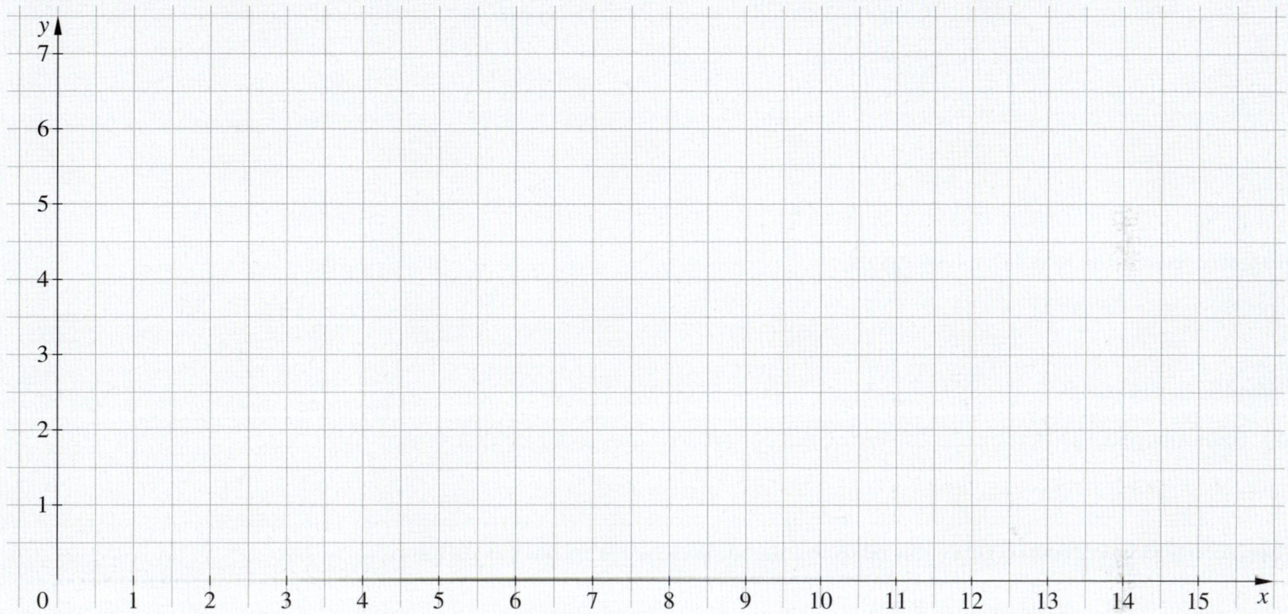

a) Quadrat *ABCD*:	*A* (1 | 1)	*B* (4 | 1)	*C* (___ | ___)	*D* (___ | ___)
b) Parallelogramm *EFGH*:	*E* (5 | 1)	*F* (7 | 1)	*G* (___ | 3)	*H* (6 | ___)
c) Raute *IJKL*:	*I* (10 | 1)	*J* (11 | 3)	*K* (10 | ___)	*L* (___ | 3)
d) Rechteck *MNOP*:	*M* (12 | 1)	*N* (14 | 1)	*O* (___ | 4)	*P* (12 | ___)
e) Trapez *QRST*:	*Q* (2 | 5)	*R* (5 | 5)	*S* (5 | 7)	*T* (3 | ___)
f) Drachenviereck *UVWX*:	*U* (13 | 5)	*V* (14 | 6)	*W* (13 | ___)	*X* (11 | ___)

3 Gib die Größe und die Art der Winkel an.

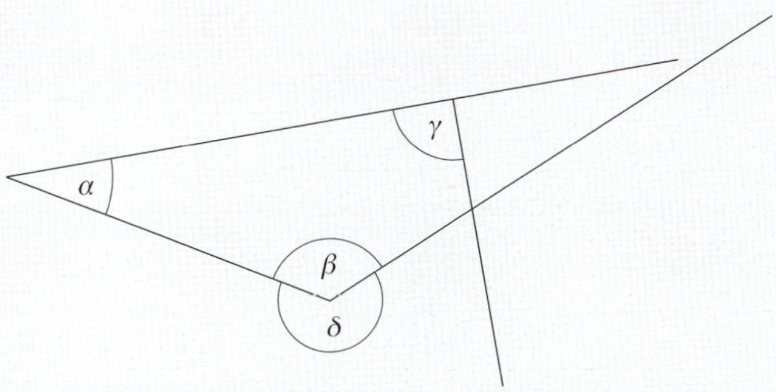

α = ______ ______________________

β = ______ ______________________

γ = ______ ______________________

δ = ______ ______________________

Kapitel Multiplikation und Division natürlicher Zahlen

1 Berechne im Kopf.

a) $60 \cdot 11 =$ ______ **b)** $12 \cdot 15 =$ ______ **c)** $660 : 11 =$ ______ **d)** $450 : 90 =$ ______

e) $70 \cdot 8 =$ ______ **f)** $210 \cdot 4 =$ ______ **g)** $72 \cdot 2 =$ ______ **h)** $13 \cdot 8 =$ ______

i) $77 : 77 =$ ______ **j)** $660 : 0 =$ ______ **k)** $60 : 15 =$ ______ **l)** $0 : 11 =$ ______

2 Schreibe jeweils zuerst das Ergebnis des Überschlags auf. Rechne danach schriftlich in einer geeigneten Einheit.

a) $28 \cdot 875{,}50$ € = ______ **b)** 789,625 km : 25 = ______

3 Berechne vorteilhaft. Beachte Rechenregeln und Rechengesetze.

a) $(2 \cdot 17 - 14) \cdot (6^2 - 4 : 2) =$ ______

b) $10^2 : (88 - 11 \cdot 7 + 14) =$ ______

c) $4 \cdot (47 + 50 - 7) : 6^2 =$ ______

4 Frau Chung hat Reis, Nudeln, gebackenes Hähnchen, gebackene Ente, Pilze mit Gemüse und Ananas mit Gemüse im Angebot. Ermittle mithilfe von zwei Baumdiagrammen, wie viele Gerichte vermutlich auf der Speisekarte stehen werden. Jedes Gericht besteht entweder aus einer einfachen Portion Reis oder Nudeln und einer oder zwei der anderen Komponenten (Fleisch oder Gemüse), die dazukommen.

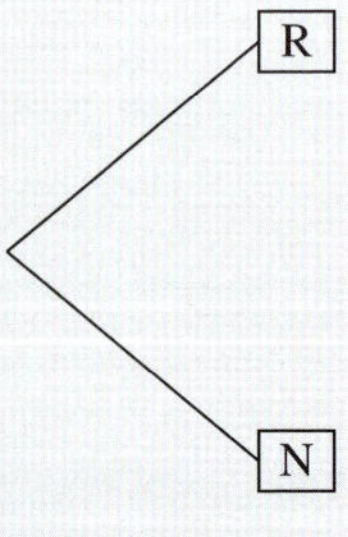

Kapitel Multiplikation und Division ganzer Zahlen

1 Berechne im Kopf.

a) $(-7) \cdot 3 =$ ______ **b)** $(-11) \cdot 5 =$ ______ **c)** $(-8) \cdot (-4) =$ ______ **d)** $(-5) \cdot (-12) =$ ______

e) $(-12) : (-2) =$ ______ **f)** $-36 : 6 =$ ______ **g)** $18 : (-3) =$ ______ **h)** $(+30) : (+5) =$ ______

2 Setze passende Zahlen und Rechenzeichen ein.

a) 77 : ☐ = 7 **b)** 162 : ☐ = 9 **c)** 100 ☐ 63 ☐ 3 = 2 100 **d)** 105 : ☐ = 21

e) 13 · ☐ = 39 **f)** 12 ☐ 8 ☐ 20 = 0 **g)** (17 ☐ 8) ☐ 4 = 36 **h)** 45 ☐ 9 ☐ 5 = 10

3 Ergänze die fehlenden Zahlen in der Multiplikationsmauer links und der Divisionsmauer rechts.

Multiplikationsmauer:

36			
−4	−9	3	−6

Divisionsmauer:

320			
−20	−16		
−10			
−5			

4 Berechne vorteilhaft. Beachte Vorrangregeln und Rechengesetze.

a) $2 \cdot 23 + 25 - 10 : 2 =$ ______

b) $(2 \cdot 17 - 14) \cdot (36 - 4 : 2) =$ ______

c) $100 : (88 - 11 \cdot 7 + 14) =$ ______

d) $32 \cdot (2 \cdot 2^3 + 25 : 5^2) - 18 \cdot 32 =$ ______

5 Lea und Ole haben in mehreren Reisebüros Angebote für eine Gruppenfahrt zu einem Kletterpark mit 25 Schülern erstellen lassen. Vergleiche beide Angebote.
Das beste Angebot von Ole ist: Ein Busunternehmen fährt alle für insgesamt 420 €.
Das beste Angebot von Lea ist: Jeder Schüler zahlt 16,70 € für die Fahrt.

______

______

______

Kapitel **Größen und ihre Einheiten**

1 Rechne jeweils in die gegebene Einheit um.

a) 7 km = ______ m b) 85 cm + 5 mm = ______ mm c) 780 dm = ______ m

d) 7 800 g = ______ kg e) 95 t = ______ kg f) 7 500 mg = ______ g

g) 7 d = ______ h h) 1 h + 30 min = ______ min i) 180 s = ______ min

2 Ergänze jeweils eine Einheit, sodass die Aussage wahr sein kann.

a) Ein Päckchen Saft wiegt ca. 0,2 ______ b) Ein Atemzug dauert ca. 2 ______

c) Eine Arbeitsheftseite ist ca. 200 ______ breit und 3 ______ hoch.

3 Auf dem Jahrmarkt kosten 1 min 45 s Achterbahnfahren 5 €, 2 min Autoscooterfahren 3 € und 90 s Karussellfahren 2,50 €.

a) Welche der Fahrten dauert am längsten?

______

b) Wie viel Euro kostet es insgesamt, wenn man jeweils eine Fahrt macht?

______

4 Rechteck und Quadrat im Koordinatensystem

a) Gib die Koordinaten der Punkte an.

$A(\_|\_)$ $B(\_|\_)$ $C(\_|\_)$ $D(\_|\_)$

b) Zeichne ein Rechteck mit folgenden Eckpunkten und gib die Koordinaten von Punkt *H* an.

$E(1|1)$ $F(7|1)$ $G(7|3)$ $H(\_|\_)$

c) Gib die Umfänge beider Vierecke an.

Umfang des Quadrats: ______

Umfang des Rechtecks: ______

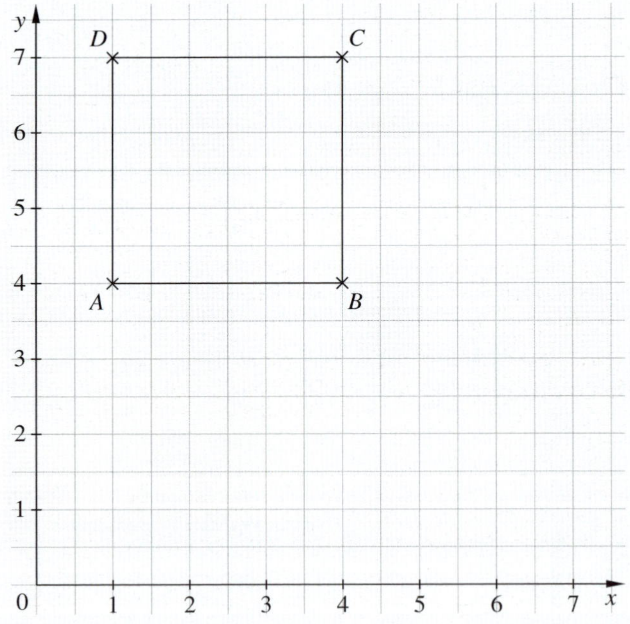

5 Ergänze die Tabelle für maßstäbliche Verkleinerungen.

Maßstab	1 : 25	1 : 200	1 : 5	1 : 150
Länge im Bild	5 mm	6 cm		
Länge im Original			10 dm	1 200 mm

Kapitel Flächen und Flächenmessung

1 Gib die Flächeninhalte in Quadratzentimeter und Quadratmillimeter an.

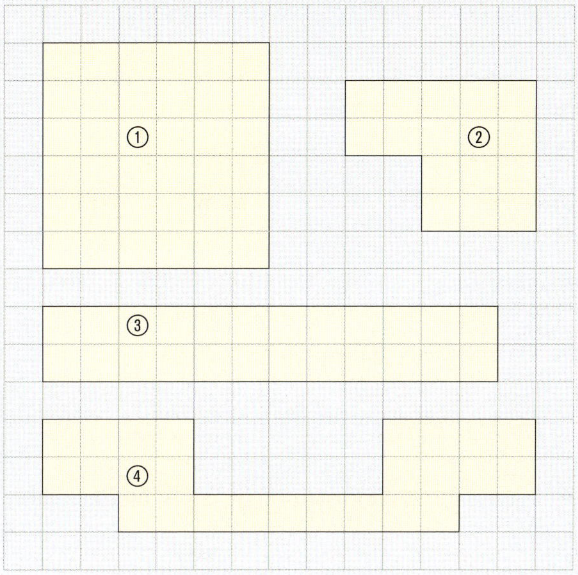

Vieleck ①: ______

Vieleck ②: ______

Vieleck ③: ______

Vieleck ④: ______

2 Rechne jeweils in die gegebene Einheit um.

a) $507000\ m^2 =$ ______ dm^2 **b)** $970\,000\ dm^2 =$ ______ m^2 **c)** $802\,000\,000\ m^2 =$ ______ km^2

d) $8500\ mm^2 =$ ______ cm^2 **e)** $20\ cm^2 =$ ______ mm^2 **f)** 2,5 ha = ______ a

3 Maria hat ihr Zimmer ausgemessen und gezeichnet. Die Längen sind in Meter angeben.

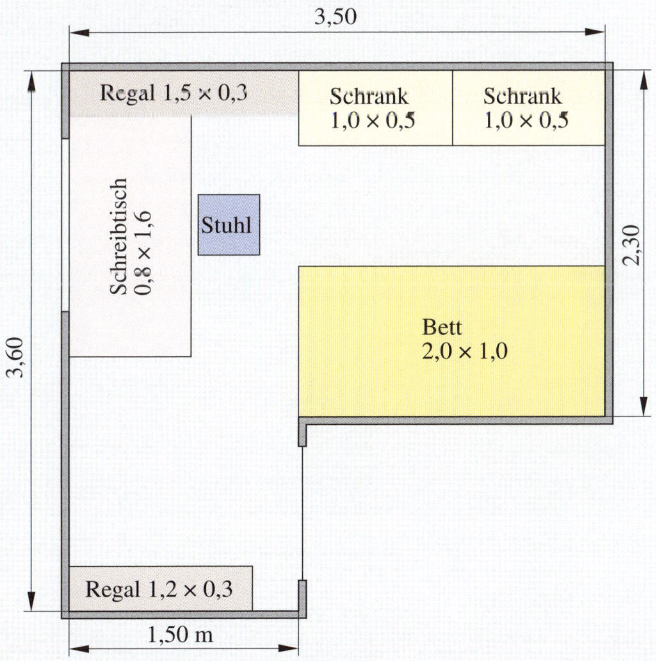

a) Berechne, wie groß ihr Zimmer ist. ______

b) Wände, Holztür, Holzdecke und Holzfußboden müssen gestrichen werden. Gib einen Term für die zu streichende Fläche an.

______

Jahrgangsstufentest

1 Welche Zahlen gehören zu den farbig markierten Stellen?

a) 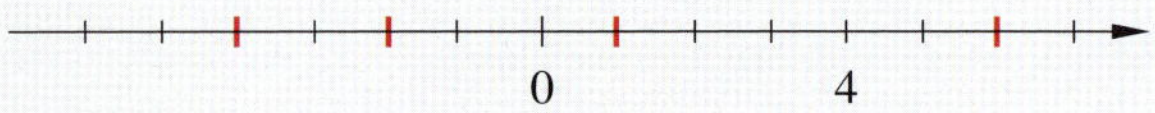

b) 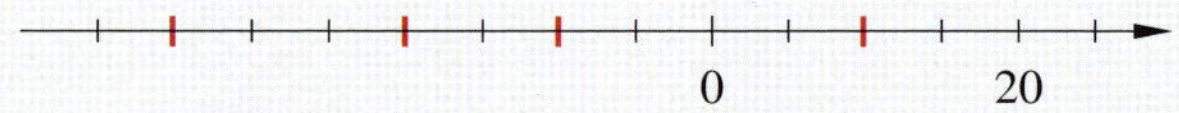

2 Vergleiche.

a) -59 ☐ 41 **b)** 60 ☐ -11 **c)** -23 ☐ -80 **d)** $+56$ ☐ 65

3 Berechne.

a) $507 + 41 =$ ____ **b)** $-60 + 11 =$ ____ **c)** $823 - 80 =$ ____ **d)** $-60 + (-4) =$ ____

e) $-56 + 41 =$ ____ **f)** $-70 + (-11) =$ ____ **g)** $-523 + 24 =$ ____ **h)** $-48 + 24 =$ ____

4 Berechne. Nutze Rechenvorteile, wenn möglich.

a) $(59 + (-9)^2) : (3 \cdot 5 - 85) =$ ____ **b)** $(-158 - 42) : (-17 - 33) + 3 =$ ____

c) $(-5) \cdot [130 \cdot (-26)] =$ ____ **d)** $[25 \cdot 33 - (-5)^2 \cdot 6] : (17^2 - 4^3) =$ ____

5 Berechne den Oberflächeninhalt des Quaders, dessen Körpernetz abgebildet ist.

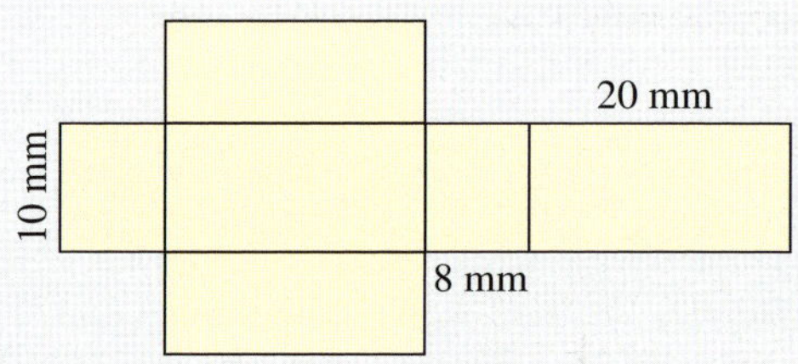

6 Rechne jeweils in die gegebene Einheit um.

a) $5000\,m =$ ____ km **b)** $97\,km =$ ____ m **c)** $82\,700\,cm^2 =$ ____ dm^2 **d)** $27\,cm^2 =$ ____ mm^2

e) $823\,000\,g =$ ____ kg **f)** $27\,t =$ ____ kg **g)** $180\,min =$ ____ h **h)** $5\,d =$ ____ h

7 Zeichnen von zueinander parallelen und senkrechten Geraden

a) Zeichne eine Gerade h senkrecht zu g durch den Punkt A.

b) Zeichne eine Parallele i zu g durch den Punkt B.

c) Gib den Abstand der Geraden i und g an. ____

d) Zeichne die Strecke $\overline{AB}$.

e) Zeichne den Kreis um A, der die Gerade g als Tangente hat.

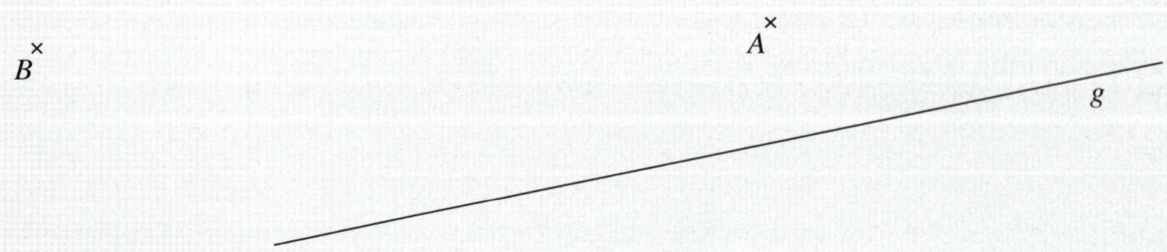

5 Herr Schmidt hat 6 832 € gewonnen. Er will das Geld gleichmäßig unter seinen sieben Enkeln aufteilen.

a) Berechne, wie viel Euro jedes Kind erhält.

____

b) Ermittle, wie viel jedes Kind Euro erhält, wenn Herr Schmidt die Hälfte für sich behält.

____

c) Herr Schmidt und seine Enkel wollen sich vom Gewinn einen Kurzurlaub leisten. Pro Person sind dafür 279 € an das Reisebüro zu überweisen. Jedoch, wenn alle gleichzeitig bezahlen, gibt es 138 € Rabatt.
Wie viel Euro sind mindestens insgesamt an das Reisebüro zu überweisen?

____

6 Trage die gesuchten Begriffe in die Kästchen ein. Wenn alles richtig ist, ergibt sich ein Lösungswort.
Hinweis: Ü wird als UE eingetragen und Ö als OE.

1. Linie mit Anfangs- und Endpunkt
2. Winkel mit der Größe 360°
3. Fachwort für einen Teil des Quotienten
4. Währungseinheit
5. Körper, mit Netzen aus drei unterschiedlichen Rechtecken sind …
6. Körper, bei denen mehrere Seitenflächen Dreiecke sind
7. Einheit der Zeit
8. Fachwort für einen Teil der Differenz
9. spezielles Rechteck
10. Körper ohne Ecken
11. Ausgebreitete Oberfläche eines Körper
12. Methode zur Bestimmung von Flächeninhalten
13. zweite Koordinate
14. 1 000 steht für …
15. Rechengesetz der Multiplikation und Addition
16. Körper mit 6 Seitenflächen
17. Einheit der Masse

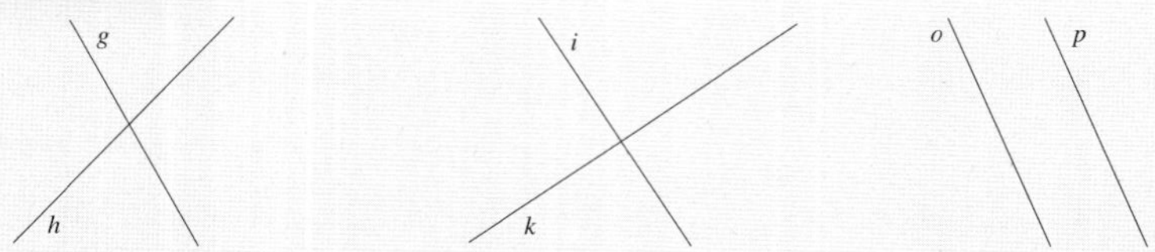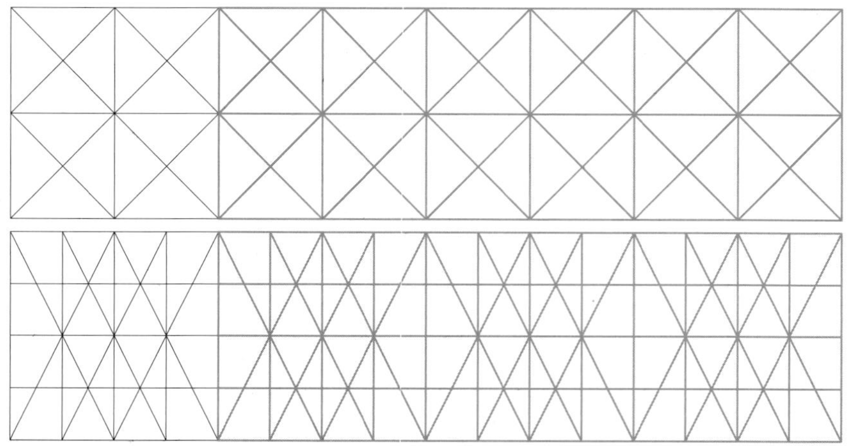

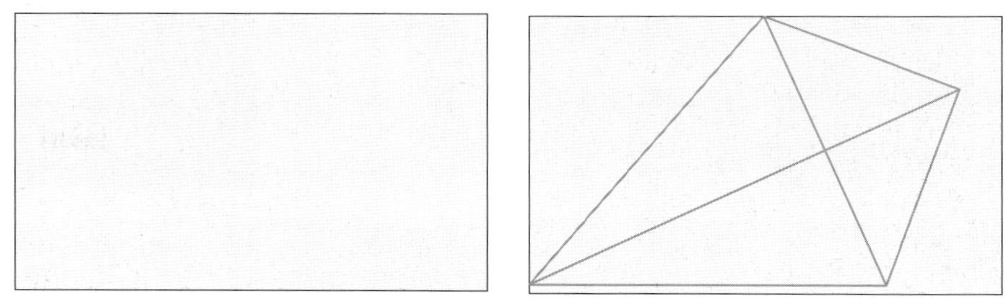

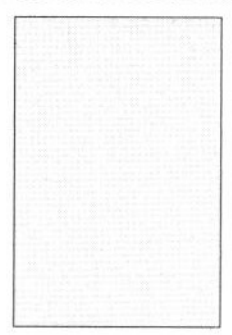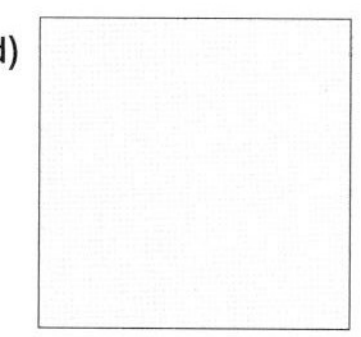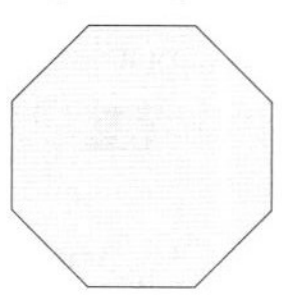

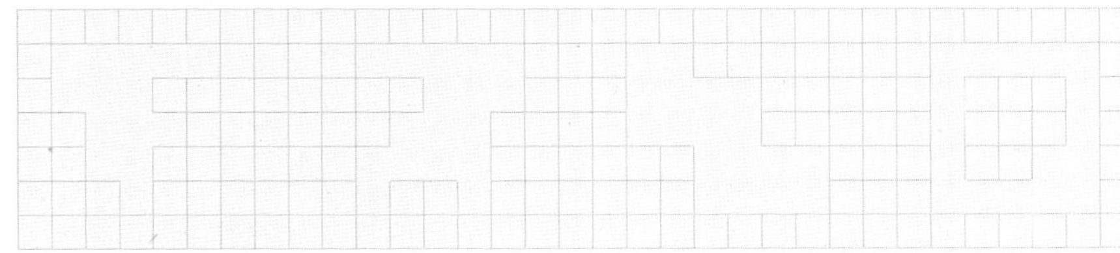

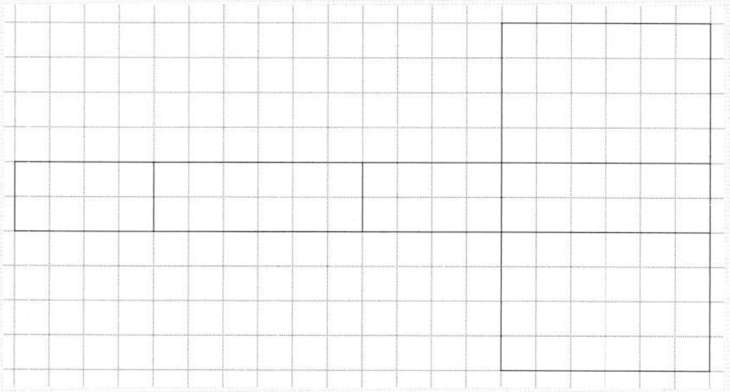

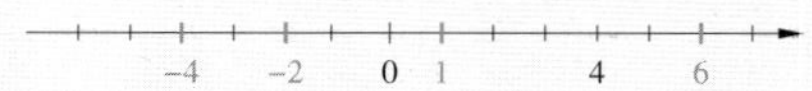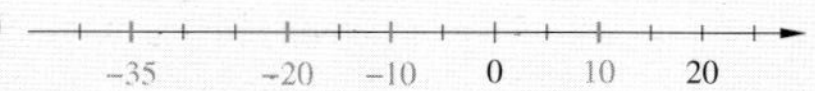